Tai Zhou Shi Geng Di Di Li Ji Qi Guan Li

台州市耕地地力及其管理

张光华 ◎ 主编

Gengdidili

中国农业科学技术出版社

图书在版编目（CIP）数据

台州市耕地地力及管理／张光华主编 .—北京：中国农业科学技术出版社，2015.12

ISBN 978-7-5116-2333-1

Ⅰ.①台… Ⅱ.①张… Ⅲ.①耕作土壤－土壤肥力－土壤调查－台州市②耕作土壤－土壤评价－台州市 Ⅳ.① S159.255.3 ② S158

中国版本图书馆 CIP 数据核字（2015）第252755号

特约策划	闫庆健　陈智民
责任校对	马广洋

出 版 者	中国农业科学技术出版社
	北京市中关村南大街12号　邮编：100081
电　　话	（010）82106632（编辑室）（010）82109704（发行部）
	（010）82109709（读者服务部）
传　　真	（010）82106625
网　　址	http://www.castp.cn
经 销 者	各地新华书店
印 刷 者	北京教图印刷有限公司
开　　本	889mm×1 194mm　　1/16
印　　张	9.75
字　　数	255千字
版　　次	2015年12月第1版　　2015年12月第1次印刷
定　　价	75.00元

《台州市耕地地力及管理》

编委会

主　　编：张光华

副 主 编：方礼德　任周桥　吕晓男

编写人员：（按姓氏笔画排序）

王仁华　王振宇　邓勋飞　许卫剑

许海敏　孙　标　李可富　李大文

严菊敏　沈益民　陈坚平　陈晓佳

陈　骞　林海忠　俞爱英　袁　斌

麻万诸　董荷玲　蔡建军

审　　稿：章明奎

内容提要

本书是实施台州市测土配方施肥补贴项目的重要成果之一，是在完成辖区内二市三区四县耕地地力评价工作的基础上编写而成。书中概述了浙江省台州市自然条件和农业生产基本情况，系统地介绍了耕地地力的调查与评价方法，分节阐述了全市各级耕地的分布、立地条件、养分状况、生产性能及管理建议。在此基础上，构建了全市耕地地力与配方施肥信息系统，探讨了提升耕地地力的思路与土壤改良技术，提出了台州市耕地地力持续管理的对策。

前　　言

　　台州市地处浙江省沿海中部，辖椒江、黄岩、路桥3个直属区，临海、温岭2个县级市和玉环、天台、仙居、三门4个县，是中国黄金海岸线上一个新兴的组合式港口城市。全市陆地总面积9 411平方千米，具有"七山一水二分田"的地貌特征。农业是台州市的传统产业，提升耕地地力和保护农村生态环境，增加农业生产效益，保证农产品质量安全，促进农业可持续发展一直深受全市各级政府领导的高度重视。自2008年以来，辖区内椒江、黄岩、路桥3个直属区，临海、温岭2个县级市和玉环、天台、仙居、三门4个县相继被列入中央测土配方施肥补贴项目实施县，各县(市、区)农业部门把科学施肥和提升耕地地力建设作为农业可持续发展的重要内容之一。为了有效地实施测土配方施肥工作，促进农业的可持续发展，于2009—2012年间开展了耕地地力评价工作。

　　这次耕地地力评价工作以县(市、区)为单位开展，全市共采集土壤样品10 862个，主要检测了土壤有机质、全氮、有效磷、有效钾、pH、全盐量、阳离子交换量等项目。通过耕地地力评价，基本查清了各县(市、区)耕地基础生产能力、土壤养分状况、土壤障碍因素和土壤综合质量状况；完成了各县(市、区)的耕地资源管理信息系统和耕地地力分级图与耕地土壤有机质、氮、磷、钾养分图等图件。评价中借助了GIS技术，将调查获得的大量数据，转化为全面反映各县(市、区)土壤肥力特性的直观图件，实现了测土配方施肥由"点指导"向"面指导"扩展、由"简单分类指导"向"精确定量分类指导"的转变，真正做到"以点测土、全面应用"；实现了由田间地头直接指导、发放施肥建议卡等传统指导方法，向利用现代信息技术进行社会化服务的先进服务形式的转变。这次耕地地力评价为促进台州市耕地资源的科学利用提供了基础资料，对指导台州市耕地资源的科学管理及中低产田改良有着重要意义；同时，也为台州市种植业结构的调整、无公害农产品生产、精确施肥提供了依据。

　　这次耕地地力调查工作有三个特点：一是起点高，调查以第二次土壤普查成果和新近完成的相关图件数据资料为基础，为建立数据库打好了基础；二是技术含量高，调查过程以浙江省农业科学院为技术依托单位，充分运用"3S"技术(即卫星遥感技术、地理信息系统技术和全球定位系统技术)，进行采样和构建信息系统；三是成果实用性强，调查提供了一套现代化、数字化、信息化程度高的图文和管理信息系统，为今后的耕地地力提升和配方施肥提供了技术支撑。

为了便于台州市范围内耕地资源的统一管理，编著人在市辖二市三区四县配方施肥与耕地地力评价工作完成的基础上，对各县（市、区）的成果进行了全面总结，开发了台州市耕地地力与配方施肥信息系统，编写了《台州市耕地地力及管理》一书。本书的出版是台州市各县（市、区）土肥系统人员共同努力的结果，编写过程中得到了浙江省农业科学院等单位的大力支持，在此深表感谢。

由于编著者水平有限，加上时间仓促，错误之处在所难免，敬请读者给予指正。

编　者

2015年10月20日

第一章 台州市概况

第一节 地理位置、历史沿革与行政区划 ………………………………………………… 001

第二节 地层构造与地质灾害 ………………………………………………………………… 003

第三节 农业地貌类型 ………………………………………………………………………… 004

第四节 气候与水文 …………………………………………………………………………… 008

第五节 土地利用与耕地资源状况 …………………………………………………………… 010

第六节 植被类型 ……………………………………………………………………………… 011

第七节 农业和社会经济发展概况 …………………………………………………………… 011

第二章 土壤类型及其生产性能

第一节 土壤形成因素 ………………………………………………………………………… 015

第二节 土壤形成过程 ………………………………………………………………………… 018

第三节 土壤分类与土壤分布规律 …………………………………………………………… 020

第四节 主要土壤的特点及其生产性能 ……………………………………………………… 023

第三章 耕地地力评价

第一节 国内外耕地质量及其调查评价研究进展 …………………………………………… 032

第二节　台州市耕地地力评价的技术路线 ……………………………………… 035

第三节　耕地地力总体概况 …………………………………………………… 047

第四节　一级耕地地力状况及管理建议 ……………………………………… 062

第五节　二级耕地地力分述 …………………………………………………… 064

第六节　三级耕地地力分述 …………………………………………………… 065

第七节　四级耕地地力分述 …………………………………………………… 067

第八节　五级耕地地力分述 …………………………………………………… 069

第九节　六级耕地地力分述 …………………………………………………… 070

第四章　耕地立地条件与土壤肥力状况

第一节　耕地立地条件 ………………………………………………………… 072

第二节　耕地土壤肥力总体状况 ……………………………………………… 073

第三节　耕地地力指标的空间变化 …………………………………………… 080

第五章　耕地地力提升与保育

第一节　台州市耕地存在的主要问题 ………………………………………… 093

第二节　耕地地力提升的思路与措施 ………………………………………… 094

第三节　中低产田的改造和高产水稻土的培育 ……………………………… 095

第四节　耕地地力提升技术 …………………………………………………… 098

第五节　加强测土配方施肥技术的推广应用 ………………………………… 109

第六节　促进高质量的排灌溉体系建设 ……………………………………… 113

第六章　耕地资源的可持续管理

第一节　耕地资源的信息化管理 ……………………………………………… 116

第二节　耕地土壤的污染防治 ………………………………………………… 127

第三节　耕地资源的合理利用与种植业优化……………………………………………… 133

第四节　加强耕地保护和基本农田建设…………………………………………………… 134

第五节　耕地持续管理的对策与建议……………………………………………………… 136

第一章 台州市概况

第一节 地理位置、历史沿革与行政区划

台州市地处浙江省沿海中部，东濒东海，南邻温州，西连丽水、金华，北接绍兴、宁波；坐标介于东经120°17′~121°56′，北纬28°01′~29°20′。陆域东西长172.8km，南北宽147.8km，陆地总面积9 411km²，200m等深线以内（大陆架）海域面积8万km²；海岸线长1 660km，其中，大陆海岸线长745km。近海有12个岛群，海上出露面积500m²以上的岛屿691个，主要有台州列岛和东矶列岛等。最大岛屿为玉环岛，现与大陆相连。

台州历史悠久，五千年前就有先民在此生息繁衍。先秦时为瓯越地。秦代，属闽中郡。汉初，先后有东海王、东越王封立。汉武帝元封元年（公元前110），东越王除，民徙江淮间，改其地属会稽郡鄞县，置回浦乡。西汉始元二年（公元前85），以鄞县回浦乡置回浦县，县治回浦（今章安），属会稽郡，隶扬州，辖境大致相当于后世台、温、处3府。东汉建武年间（公元25~56）回浦县改名章安县。永建四年（公元129），析章安县东瓯乡置永宁县（县治在今永嘉县内）。建安四年（199年），分章安县西南部置松阳县。 三国吴黄武、黄龙年间（222~231年）分章安县西北部置始平县，分章安县西部及永宁县部分境域置临海县，以县境临海山而得名。赤乌二年（239年），分永宁县置罗阳县，立罗江县。少帝太平二年（257年），分会稽郡东部置临海郡，隶扬州，郡治章安，辖章安、临海、始平、永宁、松阳、罗阳（后改安阳）、罗江7县，境域远及闽北。是为台州建郡之始。西晋太康元年（280年），改始平县为始丰县；分鄞县800户、章安县北部200户置宁海县，属临海郡，又改安阳县为安固县。太康四年（283年），分安固县置始阳县，不久改称横阳县。罗江县改属晋安郡。是时，临海郡辖章安、临海、始丰、宁海、永宁、松阳、安固、横阳8县，隶扬州。

东晋太宁元年（323年），分临海郡南部永宁、松阳、安固、横阳4县置永嘉郡。临海郡辖章安、临海、始丰、宁海4县，后世台州辖境大致形成。永和三年（347年），分始丰县南乡置乐安县（今仙居）属临海郡。隋开皇九年（589年），灭南朝陈，废郡，并临海郡各县入临海县，属处州（十二年改称括州）。炀帝大业三年（607年），改州为郡，临海县属永嘉郡。唐初，复分临海为章安、始丰、乐安、宁海、临海5县。武德五年（622年）置台州，以境内有天台山而得名，台州之名自此始。七年，并宁海县入章安县。次年，又将始丰、乐安、章安3县并入临海县。贞观八年（634年）复分临海县置始丰县。高宗上元二年（675年）分临海县东北部置宁海县。天授元年（690年）九月，改永宁县为黄岩县，以县西黄岩而得名。开元二十一年（733年）隶江南东道。天宝元年（742年）复称临海郡。乾元元年（758年）复称台州，肃宗一元年（761年）改始丰县为唐兴县。广德二年（764年）象山县改属明州。中和三年（883年）隶义胜军。光启三年（887年）以台州置德化军。

1949年新中国成立后，置浙江第六专区。同年10月10日，第六专区改称台州专区，驻临海县，辖临海、黄岩、天台、仙居、温岭、三门、宁海7县及临海城关、海门两直属区。玉环县属温州专区。1950年5月，撤销临海城关直属区，划归临海县。1952年10月，宁海县改属宁波专区。1953年6月，分玉环县境洞头、大门诸岛另建洞头县，属温州专区。1954年5月，撤销台州专区，临海、天台、三门3县划属宁波专区，黄岩、温岭、仙居3县及海门直属区划属温州专区。1956年3月，仙居县改属宁波专区，海门直属区撤销，改为黄岩县属区。1957年7月，复置台州专区，辖临海、黄岩、温岭、天台、仙居、三门、宁海7县。1958年10月，三门县撤销，并入临海县；宁海县撤销，并入象山县，属台州专区；洞头县重新并入玉环县，仍属温州专区。1958年12月撤销台州专区，天台县划属宁波专区，临海、仙居、黄岩、温岭4县划属温州专区。1959年4月，中共浙江省委、省人民委员会通知撤销玉环县，所属境域分属温岭县与温州市，并于4月付诸实施。1960年1月国务院正式批准撤销玉环县。1962年4月，复置台州专区，并复置三门县、玉环县；辖临海、黄岩、温岭、仙居、天台、三门、玉环7县。1978年10月改称台州地区。1980年7月置海门特区，属台州地区，辖境包括原黄岩县海门区、大陈镇、山东人民公社及临海县前所人民公社。1981年7月撤销海门特区，以其行政区域置椒江市，以境内椒江得名。此后，临海县章安区、黄岩县洪家区与三甲区，陆续划属椒江市。1986年3月撤销临海县，置临海市。1989年9月撤销黄岩县，置黄岩市。1993年2月，撤销温岭县，置温岭市。台州地区辖临海、椒江、黄岩、温岭4市和天台、仙居、三门、玉环4县。1994年8月22日，国务院批准撤销台州地区和县级黄岩市、椒江市，设立地级台州市和县级椒江区、黄岩区、路桥区。境辖椒江、黄岩、路桥3区与临海、温岭2市和玉环、天台、仙居、三门4县。市人民政府驻椒江区。

截至2013年，台州市政区辖椒江、黄岩、路桥3个直属区，临海、温岭2个县级市和玉环、天台、仙居、三门4个县，分设65个镇、28个乡、38个街道办事处，共5 037个村委会、149个社区和142个居委会（表1-1）。其中，6个县（市、区）靠海。椒江区辖海门、白云、葭芷、洪家、下陈、前所、章安、三甲8个街道办事处和大陈镇。黄岩区辖东城、南城、西城、北城、江口、新前、澄江、高桥8个街道办事处，宁溪、北洋、头陀、院桥、沙埠5个镇和富山、上郑、屿头、上洋、茅畲、平田6个乡。路桥区辖新桥、路南、路北、螺洋、桐屿、峰江6个街道办事处和横街、蓬街、金清、新桥4个镇。临海市辖古城、大洋、江南、大田、邵家渡5个街道办事处和汛桥、东塍、小芝、桃渚、上盘、杜桥、涌泉、沿江、尤溪、括苍、永丰、白水洋、河头、汇溪14个镇。温岭市辖太平、城东、城西、城北、横峰5个街道办事处和大溪、泽国、新河、城南、坞根、石桥头、温峤、箬横、松门、石塘、滨海11个镇。玉环县辖珠港、清港、楚门、干江、芦浦、沙门6个镇和龙溪、鸡山、海山3个乡。天台县辖白鹤、石梁、街头、平桥、坦头、三合、洪畴7个镇，三州、龙溪、雷峰、南屏、泳溪5个乡和赤城、始丰、福溪3个街道办事处。仙居县辖横溪、白塔、田市、官路、下各、朱溪、埠头7个镇，安岭、溪港、湫山、皤滩、淡竹、步路、上张、广度、大战、双庙10个乡和福应、南峰、安洲3个街道办事处。三门县辖海游、沙柳、珠岙、亭旁、六敖、横渡、健跳、里浦、花桥、小雄10个镇和高枧、蛇蟠、沿赤、泗淋4个乡。截至2013年年末，台州市户籍总人口594.04万人，其中，男性人口304.60万人，女性人口289.44万人，男女性别比为105.2∶100。户籍总人口中市区人口157.76万人。

表1-1　台州市行政区划

| 县（市、区） | 行政区划(个) | | | | | | 土地面积(km²) |
	镇	乡	街道办事处	城市社区	居民委员会	村民委员会	
全　　市	65	28	38	149	142	5 037	9 411
椒江区	1	0	8	33	5	275	274
黄岩区	5	6	8	23	13	533	988
路桥区	4	0	6	13	16	287	274
玉环县	6	3	0	28	11	276	378
三门县	10	4	0	5	4	511	1 072
天台县	7	5	3	10	4	597	1 426
仙居县	7	10	3	9	0	723	1 992
温岭市	11	0	5	14	83	830	836
临海市	14	0	5	28	3	994	2 171

第二节　地层构造与地质灾害

　　台州市所处的大地构造单元为华南加里东褶皱系、浙东南褶皱带的温州—临海凹陷内，构造位于我国东南部新华夏系一级隆起地区第二隆起带南段，为长期上升的古陆，闽浙地盾的一部分。地质构造以断裂为主，褶皱不发育。通过市域的大断裂主要有4条：①近东西向的衢州—天台大断裂；②北东向的温州—镇海深断裂；③北东向的鹤溪—奉化大断裂；④泰顺—黄岩大断裂，地表由北北东向、北东向、北西向、东西向以及南北向断裂等组成本区的构造格架。地体的基础是前中生界的变质岩石系，在漫长的地质历史中，处于隆起和剥蚀状态。晚侏罗世开始，受燕山运动的影响，发生大的火山喷发活动。由侏罗纪而白垩纪，火山活动经历了两个喷发旋迴，以侏罗纪的喷发为强烈。火山喷发形成了巨厚的火山岩系(总厚6 000m)，覆盖了全区的地面。岩石以酸性和酸中性的火山岩为主，有火山碎屑(凝灰岩)和火山熔岩(流纹岩)。火山喷发的间歇，各处山间盆地堆积了不同厚度的沉积岩，最多见的是紫红色粉岩和砂页岩，其形成时间以火山活动相对宁静的白垩纪的几个间歇为主。燕山运动晚期，大约于晚白垩世，本区岩浆侵入活动频繁，先后形成了各种侵入岩体，以酸性的花岗类为主，其次是中性的闪长岩类，基性岩(辉长岩类)只局部形成。至晚第三纪，受喜山运动影响，本区又有一次火山喷发旋迴，形成的岩石为基性喷发物玄武岩，与燕山期炯异；其规模也远不如前，仅作另星分布，如天台的龙皇堂，临海的兰田张等地。伴随燕山运动的构造活动，以断裂形变为主，褶皱不发育，这是火山岩系刚性作用的结果。构造断裂以北北东向的新华夏系最为显著，其次还有北东向和东西向，这些都是继承了先期构造发育而产生的。同时，由此演变的也有北西向、南北向的断裂。由各组断裂而造成的断陷盆地在本区非常发育，如永安溪的横溪、仙居、白水洋盆地，始丰溪的平镇、天台、坦头盆地，灵江的大田、临海、汛桥盆地，永宁江的宁溪、长潭盆地等等。这些盆地的走向与主要构造线方向一致，也呈北东向。断陷构造盆地的形成，决定了当时的沉积条件，使侏罗-白垩纪形成的红砂岩大致都在这些盆地中分布。由于构造的继承性，燕山晚期出现的构造格局，经喜山运动和新构造运动，至今仍支配着本区的地貌形态。

　　出露地层主要包括前第四系中生界的白垩系、侏罗系地层，岩性以沉积岩为主，岩体结构多呈块状、层状。侵入岩体较发育，形成时代主要为燕山晚期，主要分布在黄岩富山乡、临海北东、天台石梁镇以及三门旁亭镇南侧一带，其余地段零星分布，岩体大多呈岩株、小岩株或岩枝状产出，以酸性岩为主。海积平原区第四系主要包括全新统海积，上更新统冲海积、洪冲积、冲积，中更新统冲海积、洪冲积、坡冲积以及残坡积等。岩性包括淤泥质亚黏土、亚砂土及粉细砂、砂砾石等，其厚度分布不均，部分地层局部地段缺失，在温黄平原区较为典型，其最大厚度可达150余m。山区第四纪地层主要包括残坡积、上更新统坡洪积、洪冲积和全新统冲积层。

台州市地处沿海丘陵山区，地形变化较大，地质环境脆弱。受台风、强降雨影响，易引发以山体滑坡、崩塌、泥石流、地面沉降为主的地质灾害。近年来，随着人类工程活动的强度加大，特别是山区乡村建设规模逐年扩大，地质灾害呈现多发趋势。全市现有地质灾害（隐患）点共180处，其中直接威胁群众生命安全的重要地质灾害隐患点85处。现有的180处突发性地质灾害隐患点主要分布于仙居县、天台县、黄岩区和三门县等地。其中，仙居县61处（重要地质灾害隐患点18处），天台县37处（重要地质灾害隐患点11处），黄岩区20处（重要地质灾害隐患点18处），三门县18处（重要地质灾害隐患点9处），椒江区8处（重要地质灾害隐患点5处），路桥区9处（重要地质灾害隐患点5处），温岭市9处（重要地质灾害隐患点9处），临海市8处（重要地质灾害隐患点2处），玉环县11处（重要地质灾害隐患点8处）。地面沉降区位于温黄平原，主要集中在路桥区桐屿——马浦和温岭市城东——横峰、牧屿——潘郎一带。地面沉降的危害主要是造成高程损失、土地及农田损毁、防洪排涝能力降低、市政建设受损、通航能力下降等，经济损失预估高达数十亿元以上。

第三节　农业地貌类型

一、地貌特征

台州依山面海，地势由西向东倾斜，西北山脉连绵，千米峰峦迭起。东南丘陵缓延，平原滩涂宽广，河道纵横。南面以雁荡山为屏，有括苍山、大雷山和天台山等主要山峰，其中，括苍山主峰米筛浪高达1 382.4m，是浙东最高峰。近海有12个岛群691个岛屿，主要有台州列岛和东矶列岛等。最大岛屿为玉环岛，现与大陆相连。台州市中低山与丘陵占台州市陆域面积的70.4%，平原区面积约占26.8%，内陆水域面积约占2.8%。台州市居山面海，平原丘陵相间，大致构成"七山一水二分田"的结构特征。椒江水系由西向东流经市区入台州湾。

地貌形态是地质内外营力作用的结果。作为营力的新构造运动，是地貌发育的主要因素之一。本市新构造运动总的表现是西升东降，呈"挠曲运动"。西部的天台龙皇堂、仙居广度、黄岩大寺基与平田等地，都是被抬升的古剥地面，现今分别处在500~1 200m的不同高度上。古地面上低岗缓坡，红土连片，宛若是低海拔的地面。由强烈抬升而造成的强烈切割，在西部山区也到处可见。"V"形沟谷和"人"字山脊相继出现，切割深度可达300m以上，沟底岩石裸露，沉积物稀少。临海与仙居交界的括苍山，海拔1382.4m，为浙东的最高峰，山体周围坡度35°以上，坡沟处堆积了深厚的塌积－坡积物，成条状分布，深厚处达3~5m，堆积物夹大量巨砾，大者直径1m左右。这些都是强烈抬升的表现。由于新构造运动的间歇性和差别性，西部山地地面大致有4个高度，分别是1 200m、1 000m、800m、500m左右，构成中－低山地。山地面上坡度多在15°角左右，而山体之间则被深沟分隔，沟坡坡度多在35°左右。

本市中、东部山地以及西部断陷盆地的边缘，属于新构造的缓慢地区，形成的山地高度不大，大多在500和600m以下，构成低山丘陵区。这一地区外营力的切割作用也较微弱，沟谷深度一般在50~300m，沟坡在15°~35°，山体形状多成馒头形和猪背形。丘陵山地与（河谷平原和海积平原）交界的谷口，常有大量流水携出的泥砂砾石在此堆积，形成洪积扇地形。古老的洪积扇有些被抬升为洪积阶地。

永安溪、始丰溪和灵江三个断陷盆地，则为新构造运动的沉降地带，接受泥砂砾石的沉积，形成为河谷冲积平原。沉积物的厚度，永安溪、始丰溪一般小于5m，天台县城南，厚达6.5m；灵江盆地较厚，灵江大桥钻孔的沉积物层厚6~10m。三条河流的谷地都已展宽，宽处达数千米，河床左右扫移，出现浅水砾滩，似乎盆地处于相对的静止阶段。谷旁阶地的古红土，是地质历史时期中的堆积物，目前的分布是一般集中于河流的北侧，如仙居的十都英，天台的平镇，临海的白水洋－双港，大田－东睦；而河流的南侧很少分布，所见者也是被近代沉积物掩埋，如仙居下各、临海域城南等地；仙居白塔更见古红土处于今河床水位之下。由此分布特点证明，盆地的沉降是不等量的。南侧大于北侧，尤其是北侧的近山地段可看作是较长时期以来处于升沉过渡带中。

本市东部平原为第四纪以来新构造运动的沉降区。据钻井资料，第四纪各时期的堆积物总厚度达100m以上，泽国在180m左右，足见其沉降幅度之大。从沉积物层次构成来看，这一平原在沉降过程中，有过几次海陆变迁。总的看，大约有4次海侵海退，黏质的海积物分别堆积在陆相的砂砾层上，交互成层。这是第四纪时期冰期－间冰期反复出现所造成的结果。这4次海侵时期，大致是晚更新世早期第一次，第二、第三次海侵都在晚更新新世晚期；第4次海侵发生在全新世的早期，这一次规模最大，直抵临海大田、黄岩北洋、温岭大溪等地。从沉积物的微体化石分析看，黄岩北洋、温岭大溪等地，这些地方都是昔日的海湾谷。从沉积物质的微体化石分析看，含有孔虫组合(同现卷转虫 *Ammonia annectens*，异地希望虫 *Elphidium advenum* 等)，表明当时为浅海环境。这次海侵的时期大约是距今12 000年前开始，8 000年前达最高峰，此后即为海退时期。但因地质运动的韵律所决定，退退停停，退而又进，则时有发生。研究平原区各地海积物的特点表明，海积平原形成的第一阶段，海岸线退到临海章安、黄岩马铺、温岭泽国一带。这一线的内侧，相当于海侵时期的古海湾所在，最先露出的地面，形成时期约在6 000和7 000年前。接着第二阶段海岸退到今杜桥、海门、洪家、横街、新河、箬横、松门一线，即今日砂岗和蜊壳岗的内侧(砂岗和蜊壳岗正是古海的形成物)，其时间约为1 000年前，也即第二阶段形成的地面成陷于距今6 000~1 000年间。其后(即1 000年前)开始第三阶段海退，形成砂岗以东的广阔地面，成为最新的陆地。前两个时期成陆的地面，似乎有短时间的重新海侵过程，沉积了数十厘米厚的不同于基底的沉积物。第三阶段的海退成陆过程，今日还在继续中，黄岩金清以东的琅玑岛，十数年间与大陆连成一片，目睹沧海成桑田，正是沉积和抬升作用的结果。今东部海积平原海拔2~5m，由西向东微倾。

二、山脉

本市"七山一水二分地"，山地丘陵占总面积的66.8%，在境内构成三支山脉，自西北英明东南颁布。北支为天台山脉，从浙赣办上的仙霞岭蜿蜒而来，入本区成为天台的华顶山(1 098m)、苍山顶(1 113m)、临海大雷山(1 229m)、三门湫水山(882m)，往东北入海。大雷山是始丰溪与永安溪的分水岭。中支为括苍山脉，起始于浙闽边境的洞宫山，至本区耸立为仙临界的括苍山顶(1 382m)和仙黄界的大寺基(1 252m)，然后横贯黄岩北部而终止。括苍山为浙东最高峰，成为灵江水系与瓯江水系的分水岭。南支为雁荡山脉，也起于洞宫山，向东北延伸后与括苍山脉分支而成雁荡山脉，温岭的太湖山(734m)及本区东南部温黄玉的丘陵地均属雁荡山脉。以上各支山脉走向，均作北东向，与地质构造线一致。

本市山脉连绵，峰峦迭起，海拔1 000m以上的山峰有201座。自西向东，地势逐渐低倾，至东部沿海则有"温黄平原"、"椒北平原"以及三门、玉环的小海湾平原。沿海平原地势低平，河网密布，为农业和经济的集经地带。

（一）天台山

耸立市境北部，系中国历史文化名山。其脉由仙霞岭中支大盘山向东北延伸而来，在天台县东北部形成以华顶为中心的千米以上高峰21座。北与四明山以剡溪为界，南隔始丰溪河谷盆地与大雷山相望。主峰华顶，海拔1 098m。主脉向东北延伸出境，经新昌、宁海、奉化、鄞县，入海为舟山群岛。其东支主峰苍山顶，海拔1 113m，支脉向东展布三门湾北部。

（二）大雷山

横亘市境中西部，为永安溪与始丰溪分水岭。其脉由仙霞岭中支小盘山延伸而来，西南连接清明尖（一名青梅尖），沿西部市界蜿蜒向东北折东入境，在仙居、天台、临海三县（市）结合部形成主峰，山顶平缓，海拔1 229m。主体山脉作东北——西南走向，西南山脊挺拔，仰天坪、祝大坪岗、廿四尖背、盘龙岗、骑马岗等千米以上峰岗连绵；向东北伸展，经鞍头岭、大木杓山至赤峰山（海拔804m）被始丰溪切割，溪东余脉展布于市境中北部。天台盆地以南与仙居盆地以北诸山，均为大雷山支脉。

（三）括苍山

雄居市境西南部，为椒江水系与瓯江水系分水岭。其脉由浙南洞宫山向东北延伸而来，自仙居县西南端劫贼岩岗逶迤入境，沿西南市界蜿蜒向东折北，在临海市与仙居县交界处蟠结成主峰米筛浪，海拔1 382m，为浙东第一高峰。括苍山系带状中山，共有千米以上峰峦150多座，《唐六典》列江南道名山之一。主干山脉呈北东—南西走向。支脉展布仙居、临海、黄岩、永嘉、缙云诸县（市、区），余脉伸展至三门湾以南，入海为东矶列岛。

三、河流水系

境内有大小河流（含干支流）700多条，其中流域面积大于100km²的25条。椒江、金清两大河流水系的流域面积占全市陆域面积80%左右。较大的河流有永安溪、始丰溪、灵江、永宁江和椒江等。此外，南部还有金清港水系，北部还有三门湾水系。

（一）永安溪

发源于缙云与仙居交界的天堂，流经仙居秋山、横溪、田市、城关、下各和临海白水洋、更楼等地，至三江村与始丰溪汇合，流入灵江。全长141.3km。较大支流有九都坑、六都坑、韦羌溪、朱溪、双港溪等34条；流域面积2 702km²。永安溪自源头天堂尖至秋山多为狭谷，秋山以下谷逐渐展宽。永安溪河床的比降大，平均为千分之二，溪流湍急，多砾石滩。

（二）始丰溪

发源于盘安县大盘山，流入天台县境后，自西向东南经街头、平桥、城关、坦头和临海河头、白毛等地，至三江村与永安溪汇合，注入灵江；全长134km，有三茅溪、苍山倒溪和雀岙等三条大支流；流域面积1 600.4km²。始丰溪自源头至街头多狭谷，街头山头下以下逐渐展宽，至县城附近，河床宽达400~800m，泛滥谷地数千米。以后，自花桃至三江村，河床又复变狭。始丰溪比降大，流水急，洪水季节常有水患。据岩下水文站记载，多年平均洪峰流量为2 970s/m³。

（三）灵江

起自永安溪与始丰溪汇合的三江村，从西北向东南流，经临海市区、钓鱼亭、汛桥、管岙、涌泉等地，至三江口与永宁江汇合，流入椒江；全长44km，主要支流有大田港和筱溪港；流域面积

1 018km^2。灵江河道低平，潮水可达起点三江村，河流水位受潮水涨落影响。

（四）永宁江

发源于黄岩西部大寺基，经宁溪流入长潭水库，再经潮济、北洋、头陀、焦坑、洪东、王林、至三江口与灵江相会，流入椒江；全长80km，流域面积为889.8km^2；主要支流有柔极溪、杨岙溪、小坑溪、九溪、元同溪、西江等，多为短促狭小溪流。永宁江自潮至三江口河段类称澄江，河流比降小，河道曲折蜿蜒，自长潭水库建成后，水流量减小仅潮水在此进退，河道逐渐淤塞。

（五）椒江

起自永宁江汇入灵江处的三江口，向东流经椒江市栅浦、葭芷、海门，注入台州湾；全长12km。椒江江面宽1~2km，水流平稳，水位受潮水涨落而定，最低潮位高程0.98m，最高4.33m，高差较大。

（六）金清港

发源于温岭与黄岩交界的太湖山，主源自太湖山南麓东流，从温岭大溪出谷；支源由太湖山北麓经黄岩秀岭出谷。二源入平原分别经江洋、泮郎、横峰、牧屿和院桥、路桥、金清等地，相会后入海；全长50.7km，流域面积337.1km^2。金清港水系与大小人工河道相连，状如网络。

此外本市还有三门湾水系，主要为珠岙溪、白溪、山场溪。珠岙溪发源于天台白罗山，全长47.5km，流域面积197.6km^2。玉环还横山溪，源近流短，自行入海。

四、海湾

台州境内自北而南，较大海湾有三门湾、浦坝港、台州湾、隘顽湾、漩门湾、乐清湾。

（一）三门湾

位于三门、宁海、象山3县之间，以三门县海域为主体。南起牛头门口，北至宁海、象山两县沿岸，西靠三门县大陆，东连猫头洋。东西宽50km，南北长55km，海域面积约540km^2，陆岸线长303.80km。万金山、白蛇山、狗山3岛分列湾口，构成3道航门，故名"三门"。湾内水深5~10m，最深处达50m，有健跳港、海游港、旗门港、石浦港等港口，潮间带（海涂）资源丰富。民国5年（1916）3月，孙中山至象山石浦一带考察，称三门湾为"实业之要港"，列入《建国方略》。

（二）浦坝港

位于三门县东南部，港湾深入内地。东西长19km，南北宽约5km，海域面积72km^2，陆岸线长56km，扩塘山将港口分割成南北两条水道。南侧白带门水道长5.5km，宽1.2~2km，水深4~10m，为出入浦坝港的主航道。北侧牛头门水道，长5.5km，宽0.45~1.5km，水深2.5~5m。港湾两侧干出滩涂与潮间带（海涂）54km^2。

（三）台州湾

位于市境中东部椒江口外，系古代断裂河谷的一部分，呈喇叭状。东西长26km，南北宽12km。喇叭口弧长47km，海域面积342km^2。平均水深3m，平坦沙泥质湾底。外有台州列岛、东矶列岛为南北屏障。湾内有浙江中部最大港口——海门港。两岸为宽广的淤泥质滩涂。

（四）隘顽湾

位于温黄平原南部、楚门半岛东北。北靠东浦农场，南通披山洋，东起温岭石塘山，西至玉环县栈台山，为半圆形沿岸海湾。东西长14.8km，南北宽14.4km，海域面积124km^2。基底以淤泥为主，水深多在5m以内，沿岸滩涂广阔。

（五）漩门湾

位于市境南部玉环岛东北侧，南起西台墨鱼屿岛，外通披山洋。海域面积35km²，陆岸线长43km。1977年漩门堵口后淤积甚快，湾内水深大多不足2m，港道浅窄，仅宜小船航行。两侧潮间带（海涂）宽广，为玉环县水产养殖的重要区域。

（六）乐清湾

位于市境南部西侧的玉环与乐清两县（市）之间，东北傍靠温岭市，西南连接温州湾，系深入内地的半封闭海湾。南北长47km，东西宽15km，海域面积469km²，陆岸线长220多km。湾内水深港阔，岛屿错列。湾底建有全国最大潮汐发电试验站——江厦潮汐电站。

第四节　气候与水文

台州市属中亚热带季风区，四季分明。受海洋水体调节和西北高山对寒流的阻滞，境内夏少酷热，冬无邪寒，热量丰富，雨水充沛，气候温和湿润，水热资源适宜柑橘、枇杷、杨梅等喜温果木和稻、麦、油菜等三熟制作物生长。平原地区气温16.6~17.5℃，年际变化不大，自南向北递减。南部玉环县年平均气温17.5℃，西北部丘陵山地低于17℃。全年各月气温，1月最低（海岛为2月），平均气温5.0~6.9℃，月平均最低气温0.9~4.8℃；7月最高（海岛8月），平均气温26.6~28.5℃，平均最高气温29.1~34.2℃，极端最高气温33.8~41.7℃。全年≥0℃的活动积温5 790.7~6 321.6℃／日，持续363.4~359.4天。全市年均日照时数1 800~2 037小时；区域分布以天台县、玉环县与椒江区洪家为多，在1 950小时以上；大陈岛最少，低于1 800小时。受阴、雨、雾天气影响，年际变化较大，最多的1971年2 197小时，最少的1982年1 549小时，相差648小时。在各月分配上，夏季各月日照多，7、8月193~279小时；冬季较少，2月份109~118小时；春秋季介于冬夏之间。全区年日照百分率为41%~46%，7、8月52%~65%，梅雨期26%~37%。初霜日在11月15日至12月31日，终霜日在2月11日至3月25日。无霜期235~322天，南部270天以上，北部（天台县）少于240天，南北相差30天以上。年降水量1 185~2 029mm，多年平均降水量1 632.1mm。年降水日数132~171天。年内降水有两个明显的雨期：5月下旬至6月下旬，为历时1个多月的梅雨期，降水量300多mm，占全年降水量的20%，年际间比较稳定，相对变率为30%；8月上旬至9月中旬，历时1个多月，为台风雨期，降水量350mm，占全年降水量的23%，年际间变化较大，相对变率在40%~60%。多年平均6~9月降水量占全年总量的54.8%。地域分布，以括苍山及其东南侧长潭水库周围山区为最多，多年平均降水量在2 000mm以上，其中黄家寮1990年达3 339.3mm；华顶山东南侧至仙人桥一带山区次之，年降水量1 600~1 700mm；大陈、玉环等岛屿及沿海最少，年降水量少于1 300mm，大陈岛多年平均降水量仅1 250mm；仙居、天台两县谷地及滨海等地次之，降水量1 400~1 500mm；其他地区均在1 500~1 700mm之间。

夏季受热带海洋气团控制，炎热多雨，为热带气候特征。冬季受极地大陆气团控制，天气温凉，具亚热带气候特征。气候平均气温低于10℃为冬季，高于22℃为夏季，介于10℃与22℃之间为春秋季。夏季始于5月底至6月上旬，止于9月下旬至10月初，长达4个月左右。冬季始于11月下旬末至12月上中旬，止于3月下旬，持续3~4个月，以西北部丘陵山地为长。秋季始于9月下旬后期至10月初，止于11月下旬末至12月上旬，持续2个月多。春季，西北部始于3月下旬，其他各地始于3月上中旬，止于5月下旬后期至6月上旬，分别达2个月。

气候受地域环境的影响明显，存在地区差异较大，具有不同的3种气候类型。西北山地气候相对寒冷，年降水较多达3 000mm以上，冬春二季，有明显的逆温存在，对发展林木、茶叶、高山蔬菜等较为有利；东南平原气候四季分明，降水适中，在1 800~2 800mm，适宜春粮、水稻和柑橘、枇杷等粮食与经济作物的生长，是台州市主要的粮食产区；东部岛屿属海洋性气候，冬暖夏凉，温差较小，雾多雨少，多大风天，年降水量只有1 500~1 700mm不宜发展大规模种植农业，但发展养殖业和岛屿观光旅游业，具有一定的潜力。

台州境内有大小河流（含干支流）700多条，其中，流域面积大于100km²的25条。椒江、金清两大河流水系的流域面积占台州市陆域面积80%左右，灵江水系也是浙江省八大水系之一。椒江是境内最大河流，也是浙江第三大河。干流自仙居县天堂尖曲折向东至椒江牛头颈入海，全长197.7km，沿途有灵江、永宁江和永安溪、始丰溪等80多条江溪汇入，流域面积6 619km²，占台州市陆域面积2/3左右，总水资源量多年平均为90.84亿m³，地表水多年平均为89.78亿m³。金清港横贯温黄平原中部，发源于温（岭）黄（岩）交界的太湖山东南麓，流经温岭市大溪镇，向东从路桥区金清镇黄琅西门口入海，全长50.7km。流域面积1 172.6km²，为温黄平原排灌、航运水道。

全市多年平均降水深为1 632.1mm，降水量为155.1亿m³；来水保证率75%下降水深为1 413.5mm，降水量为134.3亿m³；来水保证率95%下降水深为1 157.6mm，降水量为110亿m³。受季风进退迟早和台风活动影响，年内降水分配很不均匀，5—9月降水量占全年60%~70%。年际振幅大，最大降水年份为1990年，全市平均2 241.2mm；最小降水年份为1967年，全市平均1 083.8mm；近50年主要干旱年出现周期为12年，为1967、1979、1991、2003年。空间上总的分布趋势是自西向东，自南向北递减，其中，山区大于平原。全市总水资源量为90.8亿m³，其中，地表水资源量89.8亿m³，扣除地表和地下水资源量的重复计算量为69.4亿m³，占总水资源量76.3%，地下水资源量21.4亿m³，占总水资源量23.7%，人均水资源量1 650m³。来水保证率75%下总水资源量为66.8亿m³，来水保证率95%下总水资源量为44.1亿m³。水资源量详见表1-2。全市多年平均水资源可利用量为39.5亿m³，水资源可利用率为43.5%。在来水保证率75%下，当年水资源可利用量为32.1亿m³，水资源可利用率为48.0%。在来水保证率95%下，当年水资源可利用量为23.7亿m³，水资源可利用率为53.7%。丰枯年份年内水资源可利用水量变幅较大，通过工程措施进行多年调节，实现丰枯年的水量调配，来提高枯水年份供水能力（表1-2）。

表1-2　各行政区年平均降水量和水资源量

县(市、区)	降水深（mm）	降水量（亿m³）	总水资源量（亿m³）
天台县	1 553.4	22.15	12.69
仙居县	1 619.1	32.26	19.21
临海市	1 656.6	35.96	21.09
三门县	1 675.6	17.96	10.46
台州市	1 486.8	26.40	16.25
温岭市	1 609.4	14.90	8.59
玉环县	1 440.7	5.45	2.56
全市	1 632.1	155.08	90.85

第五节　土地利用与耕地资源状况

据"台州市土地利用总体规划（2006—2020年）"，2005年台州市土地总面积为1 008 339.34hm²。其中，农用地面积为783 266.12hm²，占土地总面积的77.68%；建设用地面积为84 965.67hm²，占土地总面积的8.43%；未利用地面积为140 107.55hm²，占土地总面积的13.89%。

全市耕地面积为192 107.04hm²，占土地总面积的19.05%。人均耕地仅为0.0359hm²（0.54亩）；主要分布在温黄平原和椒北平原，其次分布在仙居和天台盆地。园地面积为65 375.85hm²，占土地总面积的6.48%；主要分布在温黄平原和椒北平原，其他县市有零星分布。林地面积为478 394.20hm²，占土地总面积的47.44%；台州属于山地丘陵地带，因此，林地在全市的土地总面积中占了很大的比重。全市林地的水平分布与其地貌基本一致，差异十分显著，其中仙居县、临海市和天台县三地合计林地面积占全市林地面积比重超过72.48%，分别为28.76%、25.04%和18.68%；黄岩区、三门县和温岭市林地面积占全市林地面积比重在5%~10%，分别占9.67%、8.76%和5.20%；玉环县占全市林地面积为2.49%；椒江区和路桥区林地面积占全市林地面积比重不到1%，分别为0.90%和0.50%。牧草地面积为69.50hm²，占土地总面积的0.01%；主要分布在丘陵山区。其他农用地面积为47 319.53hm²，占土地总面积的4.69%。

全市城乡建设用地面积为59 004.17hm²，占土地总面积的5.85%。其中，城镇工矿用地为29 651hm²，农村建设用地29 353.17hm²。交通水利用地面积为21 989.22hm²，占土地总面积的2.18%。其中，交通运输用地面积为8 434.35hm²，呈网络状分布在台州市的各区县，最为密集的是台州市区；水利设施用地面积为13 554.87hm²，主要集中在台州市区、温岭、临海及玉环等沿海县市。其他建设用地面积为3 972.28hm²，占土地总面积的0.39%。其中，特殊用地面积为986.21hm²，风景名胜设施用地面积为69.68，盐田面积为2 916.39hm²，主要分布在沿海。

全市河流水面和湖泊水面面积为25 685hm²，占土地总面积的2.55%。全市滩涂面积为66 360hm²，占土地总面积的6.58%，主要分布在沿海地区。自然保留地面积为90 951hm²，占土地总面积的9.02%。

台州市土地利用特点如下。一是土地利用地域分异明显，开发利用程度尚欠平衡。台州市东南部地势平坦，土壤肥沃，居民点和工矿密度大，是高产粮区和商贸中心。西北部为中低山丘陵区，林地占60%，建设用地仅为4%，土地开发利用程度较低。二是土地利用的多样化和综合化。台州市山、水、田、海兼而有之，第一、第二、第三产业协调发展，已形成农、林、牧、副、渔、工、旅游等土地综合利用格局，充分表现了土地利用的多样性。三是农地利用率和生产力水平较高。台州市农地利用历史悠久，耕地、园地开发程度高，作物布局相对集中，耕地的复种指数高达260%，区域化和专业化生产明显。四是自然景观、自然生态资源充足。台州市现有35个自然保护区（小区），其中12个省级自然保护区（小区），23个县市区级自然保护区（小区），总面积12 144hm²，主要保护野生动植物和自然景观、自然生态，占国土面积1.2%。有3个地质公园，世界级、国家级、省级各1个，总面积11 635hm²；森林公园8个，总面积1 2361hm²，其中，国家级2个，省级6个。自然保护区、地质公园、森林公园总计面积37 057hm²，占国土总面积4%。五是农村居民点用地水平较为集约。2005年台州市农村居民点人均占地面积在全省排列10位，仅高于温州市，低于全省107.63m²/人的平均水平。六是滩涂资源丰富。台州市现有滩涂资源66 360.34hm²，主要集中分布在台州湾等开敞的河口海湾及三门湾、乐清湾等半封闭海湾内，单片面积在3 000hm²以上的滩涂有蛇蟠涂、北洋涂、金清涂、东海涂、隘顽湾、漩门湾等合计40 000多hm²。适宜造地的规划滩涂区面积约为46 493.33hm²，占滩涂资源总量70%。这些滩涂不仅为海水养殖业的发展创造了自然条件，也是台州市城市建设土地储备和滨海工业建设用地的重要来源。

第六节　植被类型

按《浙江植被区划》，本市玉环县属中亚热带常绿阔叶林南部亚地带，浙南闽中山丘栲类细柄蕈树林区，雁荡丘陵低山植被片；其余各县(市、区)均属中亚热带常绿阔叶林北部亚地带，浙闽山丘甜槠木茶林区，天台括苍山地丘陵岛屿植被片。地带性植被类型为常绿阔叶林，以壳斗科的甜槠和山茶科的木荷为代表，组成常绿阔叶林群。伴生以绵槠、青冈属、栲属、石栎、红楠、浙江楠、南酸枣、鹅耳枥属、拟赤杨、山桐子、兰果树、青钱柳、光皮桦等，渐向西南则树种增多，并出现喜热树种，如罗浮栲、钩票、深山含笑、木莲、花榈木、云山青冈等为主的常绿林群丛。伴生树种有华南樟、少叶黄杞、猴欢喜、南岭黄檀、杜英、薯豆等。林下有春云实、流苏子、钩藤、闽槐、茵芋等南方种类。据调查，全区木本植物91科，320属，881种。其中，有15种列入国家级保护。山地丘陵自然林木区组很少，绝大多数为次生林和人工栽培的用材林与经济林。其中多为马尾松，生长稀疏矮小。

岛屿植被与大陆基本一致。由于海岛风大，使林分呈矮林状态。如温岭三蒜岛，有海桐、滨柃、柃木、胡颓子等组成的常绿矮曲林群丛，外貌多呈匍伏状。玉环大鹿岛等地引种桉树、银桦、台湾相思，木麻黄等，生长尚属良好。滨海盐生植被以碱蓬、盐蒿、海蓬子、拟漆姑草、野塘蒿、盐茆草、芦苇等组成群丛，此外还常伴有结缕草、咸草、狗牙根、塘松等。平原为农田型植被，有稻、麦、油菜、苜蓿、紫云英、甘薯、玉米、豆、棉、麻、甘蔗和瓜、菜等农作物。

山地丘陵植被垂直地带性明显。据括苍山调查，森林植物垂直分布如下。一是海拔500m以下，有马尾松、杉、罗浮栲、栲、大叶青冈、甜槠、木荷、猴喜欢、少叶黄杞、闽槐、华南樟、南岭黄檀、钩栗、毛红豆、云山青冈、薯豆、蚊母树，苦槠、樟、枫香、深山含笑、笔罗子、山乌桕、毛竹、春云实、柏木、泡桐、板栗、杨树、女贞、柑橘。二是海拔500~700m，有马尾松、杉、甜槠、木荷、红楠、华东楠、紫楠、浙江樟、山杜英、兰果树、长叶榨、光皮桦、南酸枣、浙江新木姜子、小果冬青、石栎、鸟冈栎、硬头柯、白花杜鹃、钩栗、尖叶山茶、藤黄檀、豺皮樟、青栲、毛竹、檫木。三是海拔700~1 000m，有黄山松、灯台树、南亭椴、天目紫茎、雷公鹅耳枥、粉叶椴、兰果树、刺楸、小叶青冈、小叶白辛树、山桐子、夜壤木、鹿角杜鹃、尖叶山茶、红花油茶、黄山木兰、柳杉、树参、狭叶四照花、拟赤杨、乌冈栎、化香、杉、秀丽槭。四是海拔1 000~1 200m，有大叶胡枝子、水马桑、野山楂、短柄包、黄山松、园锥绣球、川榛、山胡椒、柃木、绣线菊、金茅、野古草、芒、牡蒿、白檀、茅果、勾儿茶、石竹、长叶冻绿、映山红、前胡、化香、萱草。五是拔海1 200~1 382m，有野古草、芒、大蓟、轮叶沙参、黄背草、刺芒、宁波木兰、野山楂、大叶胡枝子、绣线菊、金茅、芜芜、萱花前胡、牡蒿、拂子茅。

第七节　农业和社会经济发展概况

一、农业发展历史与现状

台州地处浙江中部沿海，北接宁波、绍兴，南邻温州，辖椒江、黄岩、路桥3个区，临海、温岭两市，玉环、天台、仙居、三门4个县。台州兼得山海之利，农业资源丰富，是一个农、林、牧、渔各业全面发展的综合性农业区域，素有"特产之乡"、"海洋大市"的美誉，柑橘、杨梅、茶叶、西瓜、西兰花、枇杷、果蔗、文旦、青蟹等农（水）产品，享誉国内外，有15个产地获得了"中国特产之乡"称号。台州是浙江省粮食主产区之一，是我国第一个水稻亩产超"纲要"、上"双纲"的地方，近年来粮食单产连年刷新纪录；蔬菜产业化经营水平居浙江省前列，其中，沿海西兰花产业带是全国最大的西兰花生产出口基地，黄岩是全国最大的设施茭白生产基地；是我国著名的果品基地，黄岩蜜橘、临海无核蜜橘、玉环文旦、仙居杨梅、温岭高橙、路桥枇杷等久负盛名；畜牧业持续健康发展，成为台州农业经济新的增长点；台州也是我国重要的渔区，海域面积、水产产量、产值均居浙江省首位。

台州农业为传统主要产业，沿海、海岛为渔业农业区，滨海、温黄平原及河谷盆地为粮食水果作物区，内地丘陵山地为林业特产杂粮区。1949年，农业总产值中，种植业占69.6%，林业占8.38%，畜牧业占8.63%，副业占4.81%，渔业占8.58%。经多年引导，多种经营比重明显上升。1990年，农业总产值37.56亿元，其中种植业降至44.44%，林业降至1.74%，畜牧业升至16.87%，副业升至24.67%，渔业升至12.28%。20世纪50～60年代，强调工业为农业生产服务，农机修造业获得发展，形成以泵类为主的机械制造业。70年代后期开始，重视利用水果、水产的丰富资源发展食品加工业，形成区域优势。80年代，医药、化工等知识密集型产业在沿海各地兴起，工艺美术等劳动密集型产业向内地扩展，服装、制鞋等加工企业遍及各县市。主要产品中，食品罐头产量约占全省的1/5；工艺美术品成为国家重要出口基地；医药工业在省内占有重要地位；泵类生产为国内重点产地。电力工业以台州发电厂为主干，全区年发电量占全省1/4多，大量电力输入华东电网。江厦双向潮汐电站规模居世界同类电站第三位，在国内居首位。

2013年，全市实现农林牧渔业总产值372.6亿元、增加值213.3亿元，均比上年可比增长0.6%。其中，农业产值为129.46亿元，增长0.5%，牧业产值35.96亿元，下降2.8%。全市农民人均纯收入16 126元，增长10.7%。2013年，全市粮食播种面积14.01万hm²，总产量79.82万吨。其中早稻种植面积比去年增长27.11%，增幅居全省第一，对全国早稻面积增幅的贡献率达到3%；连作晚稻万亩示范片最高亩产831千克，首次超800千克大关，名列全省前茅；单季稻最高亩产再次刷新纪录，最高亩产达953.1千克。大力发展特色优势产业。西兰花面积0.70万hm²、产量17万吨，市内外种植西瓜面积4.33万hm²、产量208万吨，建设精品果园0.123万hm²，发展无性系茶园254hm²，杨梅面积2.93万hm²亩、产量19万吨，柑橘面积3万hm²、产量44万吨，全市亩收入7 000元以上、亩利润3 000元以上的高效生态农田（地）达到2.57万hm²，比上年增长8.5%；新建畜禽标准化养殖场10个，生猪出栏108.59万头、家禽出栏2 065万只。

二、影响农业发展的因素

影响台州市农业的发展主要有以下几个方面的限制因素。

（一）农业生态环境污染严重，人均农业资源占有量偏少

台州的城市化和工业化已进入了高速发展阶段，但因巨大的人口压力，日益紧缺的自然资源和严重污染的生态环境，一直制约着台州农业产业的快速发展和综合开发。具体表现为：一是土地资源量偏少，人均占有量仅0.0265hm²（0.4亩），且重用轻养，甚至掠夺式经营，致使耕地蓄水保肥能力降低。二是全市多年人均水资源量为1 623m³，低于国际警戒线人均1 700m³；而且降水时空分布不均匀，各行政区和流域水资源分布差异明显。三是因农业生产过量使用化肥、农药和污水灌溉，以及受厂矿企业排放的工业废水和城镇居民生活废水的影响，造成目前台州的众多农业用地、河道、水井等污染较为严重。四是森林资源中林种结构不够合理，针叶林面积偏大，有38.23万hm²，

占有林地总面积的90.3%，阔叶林面积只2.51万hm²，仅占5.9%。五是因长期的资源开发过度，管护不严，台州目前农、林生态系统和湿地生态系统破坏严重，导致生物多样性下降，水土流失面积较大，酸雨覆盖全境，严重影响了台州市的农业生产。

（二）农业投入量不足，农业基础地位仍需加强

农业综合开发离不开资金、技术、人才的投入，与省内发达地区相比，台州市农业基础相对薄弱，而且投入不足。近年来，农业资金投入总量绝对数虽有所增加，国家财政支农支出近几年也有较多的增长，但财政支农数占国家财政支出数的比重连年下降。台州高层次农业科技人才和农业经济综合管理人才缺少，基层农技人员流失严重，一定程度上影响了农业经济增长质量和市场竞争力。农田基础设施老化，农民增收缓慢，农业基础薄弱的局面依然存在。

（三）农业生产经营方式转变难，农村多余劳动力转移任务艰巨

台州当前的农业经营方式仍较粗放，传统的劳动密集型增长方式仍占主导地位，同时，由于受生产力不高，人多地少，资源浪费严重和劳动力转移困难等实际情况的困扰，严重制约了农业综合生产能力的提高。因此，改造传统农业生产方式，由劳动密集型向劳动密集与资本、知识密集结合型转变，尽量多的转移农村剩余劳动力，积极发展现代农业，已成为当务之急。

（四）自然灾害连年频发，农业抗灾能力急待进一步加强

台州市是浙江省受自然灾害影响较严重的地区之一，影响台州的主要气候灾害有台风暴雨、洪涝、干旱、春季低温冷害和冰雹、龙卷风等。虽然近年来基础设施不断改善，抗灾能力有了一定的提高，但遇频发的台风等强自然灾害时，抗灾能力明显不足，如8923、9417、9711、2002年"森拉克"、2004年"云娜"等台风和热带气旋，均给台州市带来了重大灾害，造成台州农业损失惨重。尤其是2004年14号台风(云娜)侵袭期间，大风、暴潮、暴雨同时发生，全市死亡人数106人，直接经济损失127.8亿元。其中，农田受灾面积达16.52万hm²，农业的直接经济损失达27.11亿元。

三、社会经济概况

2013年，台州市实现生产总值3 153.34亿元，首次突破3 000亿元大关。其中，第一产业增加值213.3亿元，增长0.6%，增幅比2012年回落1.9个百分点；第二产业增加值1 515.55亿元，增长8.1%，增速比2012年提高1个百分点；第三产业增加值1 424.49亿元，增长8.7%，增速比2012年提高0.1个百分点。人均生产总值达到53 222元，比2012年增长7.3%，按年平均汇率折算达8 594美元，首破8 000美元。

2013年，台州市实现农林牧渔业增加值213.3亿元。随着台州市对农业生产扶持力度的不断增大，粮食播种面积逆转了多年的下降态势，与产量共现"双增长"。2013年受生猪生产周期性波动影响，猪肉价格较为波动，养猪业一度陷入亏损状态，下半年猪肉价格有所回升。2013年实现牧业增加值17.56亿元。渔业经济平稳发展，实现渔业增加值99.3亿元。

2013年，台州市实现工业增加值1 357.4亿元，其中，规模以上工业企业实现增加值774.25亿元，居浙江省第十位。2013年，工业生产主要是在2012年基数较低基础上的恢复性增长，与上半年相比，增速回落0.5个百分点。大型企业生产形势好转。自2013年6月份以来，台州市规模以上大型企业增加值增速一直高于中小型企业，2013年台州市大型企业实现增加值166.68亿元。2013年台州市规模以上重工业与轻工业增加值分别比2012年增长6.9%和7%。2013年，台州市35个工业行业中，31个行业增加值比2012年增长。累计增加值超50亿元的六个行业合计实现工业增加值452.82亿元，对全部规模以上工业增长的贡献率达64.4%，其中医药制造业、电气机械器材

制造业、汽车制造业和橡胶塑料制品业增加值均实现"两位数"增长，比2012年分别增长11.8%、11.4%、11.1%和10%，通用设备制造业和电力热力生产供应业增加值增速相对较慢，分别为4.6%和1.6%，与上半年相比，除汽车制造业和电气机械器材制造业增速小幅提高外，其余四个行业均有所回落，医药制造业受制于药品价格下滑、医化行业整治等因素，增速比上半年回落5.7个百分点，回落幅度居六个重点行业之首。台州市主导产业之一的船舶制造业2013年增加值比2012年下降31%。

第二章　土壤类型及其生产性能

第一节　土壤形成因素

　　土壤是成土母质在一定水热条件和生物的作用下，经过一系列物理、化学和生物化学的作用而形成的。在这个过程中，母质与成土环境之间发生了一系列的物质、能量交换和转化，形成了层次分明的土壤剖面，出现了肥力特性。土壤形成因素主要包括气候、生物、地形、母质、时间和人为活动等因素，它们以不同的方式影响着土壤的形成与发展方向。不同成土环境下形成的土壤，它们的理化性质有着很大的差别，相应地土壤类型也不同。

　　地壳表层的岩石经过风化，变为疏松的堆积物，风化壳的表层就是形成土壤的重要物质基础——成土母质。母质是形成土壤的物质基础，它对土壤的形成过程和土壤属性均有很大的影响。首先，不同母质因其矿物组成、理化性状的不同，在其他成土因素的制约下，直接影响着成土过程的速度、性质和方向。其次，母质对土壤理化性质有很大的影响。不同的成土母质所形成的土壤，其养分情况有所不同。此外，母质层次的不均一性也会影响土壤的发育和形态特征。如台州市河谷平原的冲积母质的砂黏间层所发育的土壤容易在砂层之下，黏层之上形成滞水层。台州市成土母质复杂，大致在如下类别。

　　一是酸中性火山岩石风化物。广泛分布于全市山地丘陵，为台州市面积最大的一类成土母质。总面积57.8万hm²，占全市总面积的61.7%，占全市山地面积的81.7%。母岩主要是凝灰岩（且又以熔结凝灰岩为主），其次为流纹岩。这类岩石一般比较致密，又因酸性矿物组成，因此较难风化。风化层薄，一般1m左右。风化物中次生黏粒矿物含量较高；一部分含较多量石英晶屑的岩石，风化后常残留一定量的粗砂粒。酸性岩的化学组成富硅铝而少铁镁，因此风化物显色不强，以浅黄棕色为主，局部风化深的，显红棕色。

　　二是酸中性侵入岩风化物。以大小面积不等分于本市各地，较大规模的有天台北山、临海河头、临海康谷－三门中门、温岭东辽等地，总面积5.2万hm²，占全市总面积的5.5%，占全市山地面积的7.4%；岩石种类有花岗岩、石英闪长岩等。这类岩石以石英、长石等矿物组成，结晶程序好，在风化过程中易受物理风化作用而崩解。但由于化学风化的进行，也含相当数量的次生黏粒矿物。风化物颜色深浅不一，视风化作用的程度而不同，自棕红至棕黄色。

　　三是基中性岩风化物。零星分布各地，如天台龙皇堂、东横山，临海兰田，黄岩黄土岭等地，总面积0.53万hm²，占全市总面积的0.6%，占全市山地面积的0.8%。岩石以玄武岩（火山岩）为主，其次有辉长辉绿岩（浅侵入岩）。这类岩石由基性矿物组成，易受风化，风化层厚达数米。因风化作用彻底，残留原生矿物少，因此风化物颗粒组成黏细。基性岩富含铁镁，含铁量11%~14%，为酸性岩类的7~10倍，因此风化物色泽鲜艳，呈红色至棕红色。

四是紫红色砂页岩风化物。分布于各构造盆地，以天台、仙居临海盆地为多见，总面积2.87万hm²，占全市总面积的3.0%，占全市山地面积4.1%。岩石为紫红色粉砂岩和砂砾岩，通称"红层"，系沉积岩类。粉砂岩组成均匀，砂砾岩夹大小砾石。成分均以石英砂为主，由氧化铁和碳酸钙胶结而成。因胶结疏松，在风化中易遭物理作用而迅速破碎；而因其物理破碎物中的石英砂为原风化残余，抗化化强，化学再风化作用微弱，因此风化物缺乏黏粒，结持性差，易受冲刷，使存土不厚。高处常被蚀成光秃坡面，仅在低缓处有一定厚度的堆积。天台、仙居二县的红砂岩常含石灰质，尤以二县的西部更普遍。本市其他各县市均未见有石灰质。

五是板页岩风化物。零星颁布于仙居上张，临海城西等地，总面积1 333hm²，占全市总面积的0.1%，占全市山地面积的0.2%。岩石有板岩和页岩，系沉积岩类。前者较坚硬(因有变质作用)，后者较松软；在风化过程中，均易受物理作用破碎，风化层常因侵蚀而浅薄，风化物中夹多量片状岩屑。

六是火山沉积岩风化物。这是一类由火山喷发物经流水搬运而堆积的岩石，主要分布于构造盆地中，如临海、仙居、天台盆地都有；其次和三门东部丘陵也有较大面积。总面积4.2万hm²，占全市总面积的4.5%，占全市山地面积的5.9%。这类岩石胶结疏松，很易受物理作用而破碎，化学风化作用弱，因此缺乏黏粒，结持差，常被蚀成低丘，风化层薄，仅在低缓处可堆积至1m左右。风化物呈母岩色泽，大致有二类，一为灰紫色，另一为灰白色。

七是洪积物。零星分布于各处山前垄口，较大的有仙居县城，温岭县城，临海城西，黄岩沙埠、茅畬，玉环三合潭等地，总面积667hm²，占全市面积的0.1%。洪积物系山区间歇性洪流搬运泥砂砾石至山口堆积而成，呈扇状分布。一般层厚1~4m，自山口向外倾斜。堆积物粗砾性，砾石含量50%以上；大小不等，大者数十厘米；呈次棱角状，磨园度差；成分随地而异，新鲜度好。一般层次不清，偶见有透镜状夹层。山区短小溪谷两侧的堆积物为洪积−冲积物，性质与洪积物相似，含砾量高，磨园度差，松散状堆积，常成二元结构，下部为砾石层，上部为砾层和砂层。

八是冲积物。分布于始丰溪、永安溪、灵江、永宁江等河流两侧，构成河漫滩，总面积4.4万hm²，占全市总面积的4.7%。冲积物系河流季节性泛滥沉积而成，分选性好，组成均匀。颗粒以粗砂、细砂、粉砂为主；上游粗，下游细，近河床粗，远河床细。上游段常夹砾石，砾石磨园度好。有时上下层成二元结构，下砾上砂。河流下游的澄江、椒江两岸积物，黏粒增加，可达20%~30%，且因咸潮水作用而有一定的石灰性。

九是海积物。分布于本区东部，构成温黄平原和椒北平原；其次还有三门、玉环等县的港湾平原和岛缘平原，总面积16.67万hm²，占全市面积的17.8%。本市海积物为地质历史中最后一次海侵的沉积物，土层浓厚，物质匀细，基本上由粉砂和黏粒组成。黏粒含量在20%~40%。剖面有沉积层次，上轻下黏；上部以轻黏土为主，下部中黏土为主。黏粒矿物组成伊利石占70%左右。海积物的特征以成陆先后而有差别，最先形成的古海湾平原，曾经历经湖过程，1m内有腐泥层，称青紫泥。其次成陆的外侧平原，经历过古草甸过程，土层下部普遍有锈斑残留，称"黄斑土"。最后成陆的滨海平原，因时间短，显母质状态，上下通体棕色。前二者合称老海积物，后者称新海积物。临海城关、大田、汛桥、水洋一带，以及黄岩北洋、焦坑一带，为昔日古海湾，沉积有海积物，但灵江、洽江近代冲积物复盖其上，厚30~50cm，成二元结构，则为冲−海积物。

十是第四纪古红土。是第四纪更新世时期堆积的洪积物、冲积物以及洪冲积物，经过"红化"而存在的一个地层。分布于河谷两侧和谷口，构成谷旁阶地。地面多残蚀破碎，呈零星分布；连片较大者有仙居十都英和天台宁协，总面积1.87万hm²，占全市面积2.0%。古红土的组成物质随地而异，冲积物"红化"而成的较匀细，成"地质红土"，黏粒含量可达20%~30%；洪积物"红化"的，则仍呈粗砾性，砾石含量50%以上，大小不等，棱角－次棱角状，由黏土和铁链子胶结而成。"均质红土"的底部也常见有砾石层。冲积性古红土多分布西部河谷侧旁，洪积性古红土主要见于东部丘陵与海积平原连接的山前垄口，如黄岩方山周围的上山童、小球、药山、东岙、后庄等处。古红土的形成时期为中－晚更新世最老可与杭州之江层相当，但仅见于温岭肖村和江厦两地面积很小。较老的古红下部有蠕虫状网纹发育，砾石风化圈达0.5cm。较新的古红土形成于晚更新世，东部丘陵边缘的古洪积物金多属此时期；剖面中砾石新鲜光滑，仅个别具风化圈。仙居、天台、临海河谷分布的，大多为中、晚更新世之间的形成物，网纹不明显，砾石风化圈0.1~0.3cm。古红土的颜色深浅不一，一般质地越黏细，形成时期越老，越红；砂砾质的，形成较新的则越浅，呈浅红棕色。

气候对土壤形成的影响主要体现在两个方面：一方面直接参与母质的风化，水热状况直接影响矿物质的分解与合成和物质的积累与淋失；另一方面控制植物生长和微生物的活动，影响有机质的积累和分解，决定养料物质循环的速度。气候对土壤形成的影响主要包括湿度和温度两个方面。湿度对土壤形成的影响主要表现在以下两个方面：一方面土壤中物质的迁移；另一方面土壤中物质的分解、合成和转化。温度将影响矿物的风化与合成和有机物质的合成与分解。台州市地处中亚热带，又频临海洋，气候温暖而湿润，有利于物质的淋洗。在山地丘陵土壤风化强烈，脱硅富铁铝化明显，土壤向铁铝土方向发展；滨海地区土壤脱盐、脱钙发展速率较快。

土壤形成的生物因素包括植物、土壤动物和土壤微生物。生物因素是促进土壤发生发展最活跃的因素。由于生物的生命活动，把大量的太阳能引进成土过程，使分散在岩石圈、水圈和大气圈中的营养元素向土壤表层富集，形成土壤腐殖质层，使土壤具备肥力特性，推动土壤的形成和演化，所以从一定的意义上说，没有生物因素的作用，就没有土壤的形成过程。植物在土壤形成中最重要的作用是利用太阳辐射能，合成有机质，把分散在母质、水体和大气中的营养元素有选择地吸收起来，同时伴随着矿质营养元素的有效化。不同植物组织每年吸收的矿物质在组成和数量上差异很大。此外，植物根系可分泌有机酸，通过溶解和根系的挤压作用破坏矿物晶格，改变矿物的性质，促进土壤的形成，并通过根系活动，促进土壤结构的发展。土壤动物区系的种类多、数量大，其残体作为土壤有机质的来源，参与了土壤腐殖质的形成和养分的转化。动物的活动可疏松土壤，促进团聚结构的形成，如蚯蚓将吃进的有机质和矿物质混合后，形成粒状化的土壤结构，促使土壤肥沃。微生物在土壤形成和肥力发展中的作用是非常复杂和多种多样的。微生物作为地球上最古老的生物体，已存在达数十亿年，因此它是古老的造土者。从生物化学的观点来看，微生物的功能是多方面的，如氮的固定、氨和硫化氢的氧化、硫酸盐和硝酸盐的还原以及溶液中铁氧化物、锰氧化物的沉淀等过程都有微生物的参与，在土壤能量和物质的生物学循环中起着极为重要的作用。利用方式的不同可显著地影响生物因素，从而影响土壤的形成与发育。台州市土地利用方式多变，它们可对土壤的形成产生极大的影响，其中水稻土的形成是长期植稻的结果。

在成土过程中，地形是影响土壤和环境之间进行物质、能量交换的一个重要条件，它与母质、生物、气候等因素的作用不同，不提供任何新的物质。其主要通过影响其他成土因素对土壤形成起作用。地形对母质起着重新分配的作用。不同的地形部位常分布有不同的母质：如山地上部或台地上，主要是残积母质；坡地和山麓地带的母质多为坡积物；在山前平原的冲积扇地区，成土母质多为洪积物；而河流阶地、泛滥地和冲积平原、湖泊周围、滨海附近地区，相应的母质为冲积物、湖积物和海积物。地形支配着地表径流，影响水分的重新分配，很大程度上决定着地下水的活动情况。在较高的地形部位，部分降水受到径流的影响，从高处流向低处，部分水分补给地下水源，土壤中的物质易遭淋失；在地形低洼处，土壤获得额外的水量，物质不易淋溶，腐殖质较易积累，土壤剖面的形态也有相应的变化。地形对水分状况的影响在湿润地区尤为重要，因为湿润地区降水丰富，地下水位较高；而在干旱地区，因降水少、且地下水位较深，由地形引起的水分状况差异较小。地形也影响着地表温度的差异，不同的海拔高度、坡度和方位对太阳辐射能吸收和地面散射不同，例如南坡常较北坡温度高。地形对土壤发育的影响，在山地表现尤为明显。山地地势高、坡度大，切割强烈，水热状况和植被变化大，因此山地土壤有垂直分布的特点。台州市地形起伏较大，海拔和坡度的差异可影响土壤的分布。

时间因素对土壤形成没有直接的影响，但时间因素可体现土壤的不断发展。成土时间长，受气候作用持久，土壤剖面发育完整，与母质差别大；成土时间短，受气候作用短暂，土壤剖面发育差，与母质差别小。时间对土壤性状的影响在台州市的滨海平原尤为显著，随着涂地围垦时间的增加，人为活动对土壤的影响逐渐明显，土壤肥力增加，盐分和pH值下降，土壤类型也有新围垦的盐土逐渐演化为潮土和水稻土。

土壤形成作用的传统看法认为是母质、气候、生物、地形和时间五种因素的相互作用，而把人类的作用简单地包括在生物因素之内，这种观点贬低了人类对土壤影响所起的作用。人类活动在土壤形成过程中具独特的作用，但它与其他五个因素有本质的区别，不能把其作为第六个因素，与其他自然因素同等看待。这是因为：

一是人类活动对土壤的影响是有意识、有目的、定向的。在农业生产实践中，在逐渐认识土壤发生发展客观规律的基础上，利用和改造土壤、培肥土壤，它的影响可以是较快的。

二是人类活动是社会性的，它受着社会制度和社会生产力的影响，在不同的社会制度和不同的生产力水平下，人类活动对土壤的影响及其效果有很大的差别。

三是人类活动的影响可通过改变各自然因素而起作用，并可分为有利和有害两个方面。四是人类对土壤的影响也具有两重性。台州市土壤人类利用历史悠久，耕作、施肥及工业及城市发展都对土壤的形成与分布产生了很大的影响。山区由于不合理开发，导致水土流失，土壤向粗骨土方向演变。

上述各种成土因素可大概分为自然成土因素（气候、生物、母质、地形、时间）和人为活动因素。前者存在于一切土壤形成过程中，产生自然土壤；后者是在人类社会活动的范围内起作用，对自然土壤进行改造，可改变土壤的发育程度和发育方向。各种成土因素对土壤的形成的作用不同，但都是互相影响，互相制约的。一种或几种成土因素的改变，会引发其他成土因素的变化。土壤形成的物质基础是母质，能量的基本来源是气候，生物则把物质循环和能量交换向形成土壤的方向发展，使无机能转变为有机能，太阳能转变为生物化学能，促进有机物质积累和土壤肥力的产生，地形、时间以及人为活动则影响土壤的形成速度和发育程度及方向。

第二节　土壤形成过程

一、红壤与黄壤的形成

台州市位于中亚热带，脱硅富铁铝化过程强烈，山地丘陵地区有广泛的红壤和黄壤分布。其成土过程有以下特点：由于地处亚热带地区，土壤矿物的风化可形成弱碱性条件，在降水量的作用下可溶性盐、碱金属和碱土金属盐基及硅酸的大量流失，而造成铁铝在土体内相对富集。该过程包括两方面的作用，即脱硅作用和铁铝相对富集作用。涉及的化学过程主要是矿物的分解和合成、盐基的释放和淋失、部分二氧化硅的释放和淋溶以及铁铝氧化物的释放和富集。脱硅富铁铝化过程导致了土壤黏化、酸化，因此，红壤与黄壤质地较黏，并呈现酸性，它们的盐基饱和度较低，CEC较低，黏土矿物中含较高的1：1型矿物。不同的成土母岩，由于它们的矿物组成和化学性质各异，因此风化速度以及成土过的地球化学特征也有各自的特点。因此，台州市不同母质上形成的红壤与黄壤的性状也有较大的差异。

二、水稻土的形成

水稻土是各种起源土壤（母土）或其他母质经过平整造田和淹水种稻，进行周期性灌、排、施肥、耕耘、轮作下逐步形成的。由于所处位置不同，不同水稻土发生的成土过程也有一定的差异，其主要成土过程包括潜育化、潴育化和水耕熟化过程。潜育化过程是土壤长期渍水，受到有机质嫌气分解，而铁锰强烈还原，形成灰蓝-灰绿色土体的过程。有时，由于"铁解"作用，而使土壤胶体破坏，土壤变酸。该过程主要出现在排水不良的水稻土中，往往发生在剖面下部。当土壤处于常年淹水时，土壤中水、气比例失调，土体几乎完全处于闭气状态下，其氧化还原电位较低，Eh一般都在250mV以下。因而，发生潜育化过程，形成潜育层。潜育层中氧化还原电位低，还原性物质多。由于还原物质富集，可使铁锰以离子或络合物状态淋失，产生还原淋溶。潴育化过程实质上是一个氧化还原交替过程，指土壤渍水带经常处于上下移动，土体中干湿交替比较明显，促使土壤中氧化还原反复交替，结果在土体内出现锈纹、锈斑、铁锰结核和红色胶膜等物质。土壤熟化过程是在耕作条件下，通过耕作、培肥与改良，促进水肥气热诸因素不断谐调，使土壤向有利于作物高产方面转化的过程。其中，水稻土因在氧化还原交替条件下培肥形成的，其土壤过程称为水耕熟化过程。

三、潮土的形成

潮土的形成主要包括潴育化过程和旱耕熟化过程。由于分布在平原地区，潮土地势平缓，土体深厚，地下水位常在1m左右，并受季节性降雨和蒸发影响而上下移动；分布在河谷平原的潮土除受地下水的影响外，还受侧渗水影响。潮土土体内氧化-还原作用频繁，潴育化过程显明，使剖面中、下部形成铁锰斑纹淀积或呈结核。另外，潮土是人们通过耕作、栽培、施肥、排灌等措施定向培育的旱作土壤，耕作熟化过程是潮土形成过程中的主要特点。熟化的结果使潮土含有肥力较高的表层土壤。

四、滨海盐土的形成

盐渍化是该类土壤的独特成土过程。但在海水涨、落潮而对土体起间歇的浸渍中，土壤除盐渍化过程外，尚附加脱盐过程。由于海水对土体盐分的不断补充，脱盐过程表现微弱。当土体淤高至不受海水浸淹或筑堤围垦后，土壤由盐渍化过程演变为脱盐过程。滨海盐土可因地面高程受海水影响情况的差异，表现其盐渍化和脱盐两个截然不同的成土过程。盐化过程是指地表水、地下水以及母质中含有的盐分，在强烈的蒸发作用下，通过土壤水的垂直和水平移动，逐渐向地表积聚，或是已脱离地下水或地表水的影响，而表现为残余积盐特征的过程。盐化土壤中的盐分主要是一些中性盐，如NaCl、Na_2SO_4、$MgCl_2$、$MgSO_4$。土壤中可溶性盐通过降水迁移到下层或排出土体，这一过程称为脱盐过程。台州市滨海盐土的盐分主要来自海水，河流入海，所携带的大量泥沙，受海水的顶托絮凝作用而不断沉积，致使海岸向外伸展，土壤与地下水中积存盐分，同时由于潮汐而导致海水入侵，亦可不断补给土壤水与地下水以盐分，在蒸发作用下引起地下水矿化度增高和土壤表层强烈积盐，形成大面积滨海盐土。这一盐积过程的特点是地下水矿化度高，土壤重度盐积，心土与底土的盐分含量接近海渍淤泥；同时盐分组成一致，氯化物占绝对优势。而自然脱盐与人为改土作用下其盐积程度是由滨海向内陆而逐渐减轻。

第三节　土壤分类与土壤分布规律

一、土壤分类原则

台州市的土壤分类与浙江省一致，综合考虑了成土条件（自然的和人为的）、成土过程及其属性（包括剖面形态和理化性质等），作为土壤分类的依据，采用土类、亚类、土属、土种4级分类制。其定级依据如下。

（一）土类

土类是高级分类的基本单元。它是在一定的生物气候条件下，产生独特的成土过程；或者受某些自然因素和人为作用的强烈影响，而阻止或延缓其成土过程，甚至产生另一个主导的成土过程，而形成与其相适应的土壤属性的一群土壤。不同土类具有明显的质的差异。例如，红壤是在湿润亚热带生物气候条件下，经过脱硅富铝化作用，形成"酸、瘦、黏"为其特征（尤其是在自然植被破坏后）的地带性土类。水稻土是经过人为平整土地、灌溉排水和耕作培肥等，长期的水耕熟化作用，改变了原来土壤或母质的成土过程，使土体在各种渍水类型的强烈影响下，产生了独特的物质和能量的交换和移动，而形成具有独特剖面形态的独立土类。紫色土是受母岩性质的强烈影响，而阻止或延缓其成土过程，表现出明显的母岩性状的岩成土类型。

（二）亚类

亚类是在土类范围内的变异，有时它还体现土类之间的过渡特征。亚类往往是在土类的主导成土过程以外，还有一个附加的成土过程，使土壤属性起了较大的变化，因而区分为不同的亚类。但一个土类中的各亚类，其成土过程的总趋势是一致的（即受土类的主导成土过程所制约）。此外，在一般情况下，亚类还体现着土壤发育阶段上的某些差异。例如红壤土类，除典型的红壤亚类外，有向黄壤土类过渡的黄红壤亚类，还有土壤发育处于幼年阶段的红壤性土亚类。又如，水稻土类主要是根据渍水的类型或发育阶段，而划分为淹育、渗育、潴育、脱潜和潜育5个亚类。

（三）土属

土属是亚类的续分，又是土种的归纳。土属之间具有发生学上的相互联系，它是在整个分类体制中具有承上启下意义的土壤分类单元。土属是在区域性因素的具体影响下，使综合的、总的成土因素产生了区域性的变异。这些区域性因素一般包括成土母质或母岩类型、地形部位特征、区域水文地质条件等方面。在这些地方性因子中，以母质或母岩类型最能全面地反映地形地貌、侵蚀程度、盐分组成与水文地质等因素给予的影响。因此，台州市的土属的划分时除考虑区域性的变异外，还考虑了土壤发育度（即滨海盐土亚类中脱盐程度、脱潜水稻土亚类中脱为潜程度等），并把过去土壤过程的遗迹尚未形成独特的土类与亚类也均列入土属。例如红壤亚类有黄筋泥（母质是第四纪红色黏土）、砂黏质红泥（母岩是花岗岩类）、红泥土（母岩是凝灰岩或凝灰质流纹岩）和红黏泥（母岩是基、中性岩）等土属，即是按母质或母岩类型所造成的土壤性差异来划分的。潮土亚类中，虽然是同一冲积母质，但因地形部位和水文地质条件的差异也可分为清水砂（河谷平原内河漫滩，易受洪水淹没）、培泥砂土（河谷平原内的河漫滩阶地）和泥砂土（河流支流两侧的谷地，沉积物的分选性较差)等土属。水稻土土类中，各土属基本上按起源母土的类型划分，同时也考虑微地形的差异、地下水位的高低和土壤的发育度等因素。

（四）土种

土种是基层分类单元。它是在相同类型的母质的基础上，具有类似的发育程度和土体构型的一群土壤实体。根据以上土种定级依据和第二次土壤普查的实践，在具体划分时，主要考虑了以下一些特性，并在土种名称上予以反映。

1.土壤质地

一般分为砂（砂质及壤质）、泥（黏壤质及壤黏质）、黏（黏土质）三级。例如，黄泥土土属中有黄泥土、黄泥砂土和黄砾泥3个土种。淡涂泥田土属中划分了淡涂砂田、淡涂泥田和淡涂黏田等土种。

2.障碍土层及层位

主要障碍层有白土层、砾石层、砂层、泥炭层、青泥层或腐泥层、铁钙结核层（泥汀）和焦砾层（铁锰结核与砾石胶结硬盘层）等。土层厚度，一般上述的障碍土层厚度大于5~10cm才单独列出，太薄的在土种划分时不加考虑。层位根据土壤剖面出现的深度不同以不同的名词来体现：出现部分在0~40cm范围内的称为"塥"；在40cm以下的称为"心"。例如，泥砂土土属有泥砂土和砾塥泥砂土2个土种；泥质田土属中有泥质田、泥汀黄斑田等土种；黄泥砂田土属中有焦砾塥黄泥砂田和白心黄泥砂田土种。

3.土壤颜色

以颜色描述土种的，例如，红粉土土属有红粉泥土和紫粉泥土2个土种；粉泥土土属中有粉泥土、黄松土和乌松土3个土种。

4.腐殖层的厚度和含量高低

腐殖质层的厚度在20cm以上，有机质含量在50g/kg以上，才单独列出土种。例如山黄泥土土属中的山香灰土，石砂土土属的乌石砂土，粉泥土土属中的乌松土等。

5.母质异源

土壤剖面常有2种不同来源的母质相叠加的情况，它常能体现出土壤类型之间的过渡关系。首先确定以40cm厚度为界线，即上面覆盖厚度不足40cm称为"头"，而以下层母质类型确定其土属；如果复盖厚度超过40cm，则以复盖层母质类型确定出土属，而将其下垫的母质层类型称为"心"。异源母质都作为一个土种，冠以"头"或"心"区别于同一土属中的其他土种。例如，青紫泥田土属中黄心青紫泥田（下段为黄斑土层）、粉心青紫泥田（下段为小粉土层）和泥砂头青紫泥田（上段为泥砂土层或黄泥砂土层）。洪积泥砂田土属中的红土心洪积泥砂田（下段为红土层）、青紫心谷口泥田（下段为青紫泥层）和涂心洪积泥砂田（下段为海积物）等。

6.某些土壤化学性状的差异

土属中出现某些化学性质的量变而影响土壤改良利用或土壤发育程度时，应区分为不同土种。例如咸泥土土属中，应根据盐分含量的高低，分为轻咸泥土、中咸泥土和重咸泥土等土种。江涂泥田土属中，全剖面呈碳酸钙反应的为江涂泥田土种，面剖面上段土层已脱除游离碳酸钙，下段尚未脱除碳酸钙的为脱钙江涂泥田土种等。

二、土壤命名

采用分级命名法，以习惯命名和群众命名并用。其中，土类、亚类多采用习惯命名，便于全国交流；亚类一般采用连续命名法，在土类前加上一个修饰词，说明附加过程或属性，如黄红壤亚类(附加黄壤成土过程)；淹育型水稻土(水分影响程度)；土属和土种以群众命名法为主，具地方色彩。在土种命名上，地带性土其词根常为"泥"；非地带性土多用"土"；水稻土用"田"。在土种名称冠以"头"、"垎"和"心"等词，以表示土壤剖面中出现特殊层次及异源母质。另外，还采用了颜色(红、黄、青、紫、黑、白、灰、棕)、质地(砂、砾、泥、黏、粉)及油、松、板、筋、硬、缸、汀煞、泥汀、黄斑、烂等来反映土壤的理化性质。

三、发生层符号

土壤剖面是一个具体土壤的垂直断面，其深度一般达到基岩或地表沉积体相当深度为止(农业土壤1~2m)。一个完整的土壤剖面应包括土壤形成过程中所产生的发生学层次和母质层。土层及符号表示如下。

(一)一般土壤

A0：半分解枯枝落叶层；　　　A：地表矿质土层或淋溶层；
B：淀积层；　　　　　　　　〔B〕：铁、铝残余积聚层(红壤与黄壤)；
C：母质层；　　　　　　　　R：基岩

(二)水稻土

A：耕作层；　　Ap：犁底层；　　P：渗育层；　　W：潴育层；
Gw：脱潜层(脱潜潴育层)；　　　　G：潜育层；　　　M：腐泥层

(三)土层后缀符号

a：腐殖质层；　　b：埋藏层；　　g：潜育特征；　　k：石灰积聚；
mo：铁锰胶膜；　　u：锈色斑纹；　　v：网纹特征；　　z：易溶盐积聚

四、土壤分类

台州市第二次土壤普查土壤分类是按当时的全国和浙江省土壤普查办公室的土壤工作分类进行的，共分出9个土类、19个亚类，56个土属和145个土种。把它们转换为现行浙江省土壤分类，可划分出水稻土、红壤、潮土、滨海盐土、粗骨土、黄壤、紫色土、基性岩土等8个土类，渗育水稻土、潴育水稻土、脱潜水稻土、淹育水稻土、潜育水稻土、红壤、饱和红壤、黄红壤、红壤性土、黄壤、灰潮土、酸性粗骨土、石灰性紫色土、基性岩土、滨海盐土、潮滩盐土等16个亚类，有黄泥土、淡涂泥田、红粉泥土、青紫泥田、红泥土、黄斑田、老黄筋泥田、淡涂泥、洪积泥砂田、黄泥砂田、咸泥、泥砂田、石砂土、洪积泥砂土、培泥砂田、黄泥田、山黄泥土、红黏泥、滩涂泥、江涂泥、红泥田、亚黄筋泥、红紫砂土、培泥砂土、涂泥田、江涂泥田、涂泥、泥质田、砂黏质黄泥、红砂土、棕红泥、紫砂土、清水砂、红紫泥砂田、黄红泥土、泥砂土、烂浸田、粉泥田、红砂田、黄筋泥、酸性紫泥田、烂泥田、山黄黏泥、钙质紫泥田、潮泥土、棕泥土、砂黏质山黄泥、潮红土、片石砂土、白岩砂土、堆叠土、滨海砂田、烂塘田、滨海砂土、砂岗砂土、烂青紫泥田等56个土属。

五、土壤分布规律

台州市土壤分布受地形、气候、母质、水文等自然条件和人类生产活动的影响，有着明显的区域分布特征。

（一）土壤分布总体情况

红壤和黄壤是地带性和显域性的土壤，分布于本市西部山地和东部丘陵上。由于成土因素气候和植被垂直变化的影响，高海拔为黄壤，低海拔为红壤，分界线大致在700m上下。因此，黄壤主要分布本市西部海拔较高的中山区，如括苍山，大雷山，华顶山，大寺基等山地；其余山地、丘陵地多为红壤。本市的构造盆地，如仙居盆地，天台盆地及其他较小盆地，分布有紫红色砂页岩，这些岩石形成的土壤为岩性土——紫色土。因此，紫色土的分布就与构造盆地相联系。东部海积平原，农业生产条件较好，绝大部分为水稻土。但由于水稻土起源土壤的不同，造成水稻土种类的多样性。其分布自内向外是：青紫泥田－黄斑田、粉泥田、淡泥土和滨海盐土。山地与海积平原交接处，常有坡积物和山口洪积物覆盖于海积物上，造成土壤母质的二元结构，形成过渡类型的土壤，如泥砂头青紫泥田，泥砂头黄斑田等。天台、仙居、临海河谷以及其他各县的较小河谷。分布着河流冲积物。因地势平坦，水利较好，也多已成为水稻土。但这些地区河漫滩沉积物变化大，使土壤类型较为复杂。

（二）河谷泛滥土壤分布规律

河谷泛滥地因沉积规律作用，冲积物在纵向和横向上均呈规律性的变化，因之土壤类型也相应变化。自上游至下游的纵向上，冲积物由粗变细，因此使天台、仙居二县多分布轻质土壤，如砂田和培泥砂田。至临海大田谷地，冲积物质地变重，因此见有培泥田的分布。自临海涌泉起，椒江，澄江等近海河口河段，以江潮淤泥沉积为主，质地黏细，因之分布江涂泥和涂性培泥砂土等。河谷泛滥地横向断面上，沉积物的分布也决定着土壤类型的变化。自河岸至谷旁，物质由粗变细，地势由高变低，地下水位由深变浅，因此土壤类型依次有清水砂、砂田、培泥砂田、培泥田、烂泥田。河谷的谷旁还常有阶地，谷地中还常有埋藏的古红土、古海积物等，这些都使土壤类型更形复杂。

（三）山口洪积扇土壤分布规律

山口洪积扇地形上的物质和景观有着微域变化。自洪积扇顶端向外缘，物质由粗变细，地势由高变低，地下水位由深变浅，至扇缘还常有地下水出露而使地面渍水。这些条件的变化也导致土壤分布的变化。本区洪积扇常与海积平原相接，使洪积物复盖于海积物之上，造成二元物质结构，由此使土壤类型更形多样性。

（四）滨海地区土壤分布规律

滨海地区新形成的土壤为滨海盐土，成土过程开始后，土壤向脱盐、脱钙，熟化的方向演变。影响土壤属性并使之发生变异的因素成土年龄。自外向内，土壤年龄由新而老，土壤类型的变化依次为粘涂、涂粘、重咸黏土、中咸黏土、淡涂黏土、淡涂黏田。

第四节　主要土壤的特点及其生产性能

一、红壤和黄壤

红壤和黄壤是台州市地带性土壤类型。其中，红壤土类广泛分布在海拔800m以下的低山丘陵，在全市各地都有分布，面积为43.32万hm²，占土壤总面积的46.33%。黄壤土类分布在海拔600m以上的低、中山，主要分布在仙居、天台、三门、临海、黄岩和温岭等地，面积为43.32万hm²，占土壤总面积的6.76%。

红壤形成于亚热带生物气候条件下，其风化成土过程的特点如下。

一是脱硅富铝化。黏粒的硅铝率较低，黏粒矿物以高岭石为主，但结晶差，且三水铝石少见。

二是淋溶作用。红壤的淋溶作用较为强烈，风化淋溶系数（ba值）较低；

三是赤铁矿化。红壤形成的另一个显著特点是土壤的赤铁矿化，大多数铁从铝硅酸盐原生矿物中分解游离出来，形成游离氧化铁，土壤多呈红色。红壤的剖面发育类型为A-[B]-C型。A层为淋溶层或腐殖质积聚层，由于森林植被的破坏和侵蚀的影响，红壤的A层一般较薄；[B]层是指非淀积发生层，因为它是一种盐基、硅酸（矿物风化释出的）遭到强淋溶的土层，从而使游离铁铝氧化物相对积聚，故可称为"残余积聚层"，而非"淋溶淀积层"（土壤形成物迁入的B层）。一般说来，红壤的质地较黏重，这是岩石矿物遭到强烈风化的结果。红壤酸性强，盐基饱和度也很低。

台州市红壤土类可划分为红壤亚类、黄红壤亚类、红壤性土和饱和红壤等4个亚类。红壤亚类是红壤土类中的代表性（或典型）亚类，是红壤土类中风化发育度最强的一个亚类，具红、黏、矿质养分低等特征，零星分布在台州各地，面积为5.49万hm²，占红壤土类总面积的12.67%；分黄筋泥、砂黏质红泥、红泥土和红黏土等4个土属。

黄筋泥：母质为Q2红土，分布在低丘或阶地，厚度>1m，质地黏土，从上至下为红土均质层-网纹层-红土砾石层）。

砂黏质红泥：母质为粗晶花岗岩，厚度1m左右，质地砂质黏土，富含K。

红泥土：母质为酸性岩浆岩风化物，质地壤质黏土。

红黏泥：母质为玄武岩等基性岩风化物，质地为黏土。

黄红壤亚类是红壤向黄壤过渡的土壤类型，是台州市低山丘陵地区分布最广的一类红壤，一般分布在海拔400~800m的山坡上，由于分布位置较高，其红壤化程度比红壤亚类弱，土壤颜色呈红黄-棕色，黏粒含量在20%左右；面积为23.96万hm²，占全市土壤总面积的5.63%；分亚黄筋泥、黄泥土、黄红泥土、砂黏质黄土和黄黏土等5个土属，它们的成土母质有较大的差异。

亚黄筋泥：母质为Q3红土，土层厚度1m左右。

黄泥土：母质为酸性岩浆岩和石英砂岩，土色为黄棕色，土厚50cm左右。

黄红泥土：母质为泥页岩风化物，质地重壤，分布地形平缓。

砂黏质黄泥：母质为粗晶花岗岩。

黄黏泥：母质为玄武岩等基性岩风化物，分布在海拔500~600m高台地上。

红壤性土亚类由于受成土母质和水土流失的影响，其红壤化作用较弱，剖面分化不明显，过去称之为幼红壤，主要分布在本市各盆地中的丘陵地，面积为13.64万hm²，占全市红壤总面积的31.48%。仅红粉泥土1个土属，母质为浅色和紫色凝灰岩，黏粒少，粉砂高，土层30~50cm，粉红色、浅棕色和浅紫色，与母岩颜色相似，盐基饱和度50%左右。

饱和红壤亚类分布海岛丘陵，面积不大，约面积为0.22万hm²。这类土壤与典型红壤比较，其pH值较高，盐基饱和度高，一般认为复盐基有关。全国土壤分类中，把这类土壤放在初育土土纲中（土质初育土亚纲、红黏土土类，复盐基红黏土亚类）。只设有一个土属，称为饱和棕红泥。

黄壤形成于湿润的亚热带生物气候条件下，与山下的红壤地区相比，雾日多而日照少，雨量多且湿度大，因此所接受的太阳能比红壤要低。黄壤的自然植被为亚热带常绿—落叶阔叶混交林。但目前黄壤分布区原始植被保存很少，大部分为次生植被，仅有少量垦为农地。在云雾多，日照少，湿度大，干湿季不明显的气候及繁茂植被条件下，黄壤在形成过程中具有下列特点。

一是富铝化作用。与红壤一样，黄壤也具有富铝化作用。但是作为反映富铝化程度的黏粒的硅铝率，黄壤的变幅较大，黄壤的黏粒硅铝率略低于红壤。其原因可能是：黄壤黏粒中含有一定量的三水铝石。黄壤中的三水铝石是岩石直接风化形成的，而不是高岭石进一步分解的产物；在膨胀性的1.4nm矿物晶层间夹有一些非交换性的羟基铝聚合物；在2：1型矿物的四面体中有较多的铝对硅的置换。这都导致了黏粒硅铝率的下降。

二是生物富集作用。黄壤中生物富聚作用较红壤更为强烈，表现为残落物的大量积聚，灰分元素的吸收和富集，从而对土壤肥力有很大的影响。土壤中有机质含量高，氮、磷、钾、钙、等元素在土壤表层也有明显的富集。

三是淋溶作用。在高凸的地形和终年湿润的气候条件下，黄壤的风化淋溶作用也很强。其风化淋溶数较低，这说明在黄壤形成过程中，其矿物质经过了极强的风化淋溶作用。由于强烈的淋溶作用，使盐基大部分淋失，因此，盐基饱和度除表土因生物富集而较高外，一般均在20%左右，土壤呈酸性至强酸性反应。

四是游离氧化铁的水化作用。在湿润的条件下，黄壤中的游离氧化铁大部分与水结合，成为铁的含水量氧化物，如针铁矿、褐铁矿、纤铁矿等，并包盖在固体土粒外面，而使土壤成为黄色、黄棕色或橙色。这与黄壤处于稳定而湿润的气候、有机质大量积累，不仅有利于针铁矿之形成，且有利于赤铁矿转化为针铁矿有关。

台州市黄壤类仅设黄壤1个亚类，下含山地黄泥土一个土属。黄壤处在山地特定的生物气候条件下，形成的强风化、强淋溶的富铝化土壤。但在土壤形成过程中，具有强烈的生物富聚作用和游离氧化铁的水化作用。因此，是有别于红壤的另一种土壤类型。其主要性状的特点如下。

剖面形态：黄壤的发生类型虽然也是A-[B]-C型，但在森林植被茂密地方，A层之上常有在枯枝落叶层存在，而呈A00-A0-A-[B]-C型。由于多分布在相对温度较大的山地，气候条件阴湿，[B]层颜色偏黄，多为淡黄或浅黄色(2.5Y3/4左右)。这可能是由于山地的大气及土壤气候终年湿润，不利于土壤中游离氧化铁脱水红化，而使水化度较高的黄色氧化铁优势之故。因此，剖面中A层向[B]层过渡明显。土体比较紧实，缺乏多孔性和松脆性，其铁胶结的微团聚体不很发达；土体厚度，也较红壤为薄。母质层，风化很差，母岩的特性更加显明，且往往夹有未风化的砾石。这些都是与红壤剖面不同的地方。

矿质土粒风化度：黄壤的质地因母质而异，一般多为粉砂质壤土或黏壤土，与典型红壤相比，其质地较粗，粉砂性较显著，而黏粒含量较少。表明黄壤矿质土粒的风化度远比母岩或母质相似的红壤低。

pH值和盐基饱和度：由于所处地形高凸，排水良好，而大量降水量更促进土壤中盐基物质的淋失，因此酸性也很强。

有效阳离子交换量：黄壤[B]层的有效阳离子交换量也不高，在12cmol(+)/kg土左右。但A层的有效阳离子交换量较[B]层为高，平均在15cmol(+)/kg土左右，这显然与表土层中大量腐殖质有关。

游离铁的活化度：黄壤中游离氧化铁的活化度较红壤高，A和[B]层分别为40%~50%和15%~30%。

二、水稻土

水稻土遍布于本市滨海平原、水网平原、河谷平原和丘陵山地，是台州市最为重要的农业土壤，其总面积为19.98万hm²，占全市土壤总面积的21.37%。

水稻土是各种起源土壤（母土）或其他母质经过平整造田和淹水种稻，进行周期性灌、排、施肥、耕耘、轮作下逐步形成的。其形成有以下特点。

一是有机质的积累。水稻土耕作层同母土的表土比较，其有机质含量趋于稳定。耕作层有机质的胡富比与母土比较，也显示明显的提高，这反映土壤腐殖质的品质有所改善。水稻土的碳氮比一般均趋近于10；而不同于一些母土的碳氮比，呈高低错落而无规律的状况。水稻土耕作层有机质的这种现状，同常年施入的有机肥及根茬等有机物相配合，在水田独特的灌排措施影响下，将持续地显示其强烈的"假潜育"过程，推动着土体内物质独特的转化和移动。所以，水稻土有机质状况，除了它对养分肥力所作贡献外，应特别重视它的"假潜育"对土壤剖面分化育的贡献。由于耕作层可分解有机质在渍水条件下的分解（脱氢并释出电子），使土壤中游离Fe、Mn化合物被强烈还原，大大提高它们的溶解度和活度；同时还产生一定的有机络合作用。所以，同起源土壤或母土的表土及同剖面其他土层相比较，水稻土耕作层游离铁的活化度（无定形铁、游离铁）很高，晶胶化（晶质铁／地定形铁）变得最小，而铁的络合度（络合铁／游离铁）最大。

二是剖面的铁锰分层和斑纹化。在一般的母土或母质中，游离铁、锰氧化物的含量可分别高达百分之几和千分之几，含量很高。这些化合物在被还原为低价态时，其浓度或离子活度都大大超过其氧化态，因而前者（还原态）易随水迁移；后者（氧化态）易就地淀积。同时还原态和氧化态铁、锰化合物的颜色，均互不相同，差异显著。所以水稻土的氧化还原作用，还有土壤色调上有所反映，而具有形态发生学意义。就铁、锰这两个易变价的元素比较而言，高价锰比高价铁更易接受电子而降低化学价，故在土壤的一定Eh范围内，高价锰先于高价铁而被还原；反之，低价铁先于低价锰被氧化。由这种氧化还原序列的制约，水稻土剖面上就会呈现氧化锰迁移淀积在下层，而氧化铁迁移淀积在上层的"铁锰分层"现象。氧化态Fe、Mn化合物可淀积在排水落干的耕作层，而呈"鳝血斑"；也可淀积在心、底土的棱柱状结构面上，造成局部层段土壤的"斑纹化"；另一方面，水稻土的下层土壤也常保持着灰青色，但其所含水溶性低价Fe、Mn却极少，这与假潜育耕作层土壤富含无定形$Fe(OH)_3$或Fe^{2+}离子有所不同。

三是土壤反应、盐基饱和度及交换量。水稻土在人工培肥和灌溉的影响下，使土壤pH值和盐基饱和度，从强酸性红壤母土，显明地转变为近中性反应；盐基饱和度大部向饱和方向演变。其耕作层的pH值$(H_2O)5.5\sim6.5$，盐基饱和度达85%左右。但水稻土在淹水状况下的pH值，由于土壤中铁、锰氧化物被还原面消耗质子，使土壤溶液中的H^+离子浓度下降，故其pH值有所升高，而更接近于中性反应。水稻土的阳离子交换量，除受有机肥施用的影响而稍有增高外，大部分均决定于母土或母质的类型（黏粒矿物）及质地。除此之外，看不出什么变动规律。此外，水稻土在淹水还原过程中，虽因有机质分解可使氧化还原电位显著下降，但在Fe、Mn等变价化合物的缓冲作用下，其Eh不致于陡降，从而对植物和微生物的生存，起了保护作用。这也是水稻土演变中值得一提的性态。

典型水稻土的层段组合为A-Ap-P-W-WG-G-C。对某类水稻土，可能缺乏其中的一个或几个层段。

耕作层（淹育层A）：该层是水稻土中物质转化、迁入、移出和水分状况变动最频繁的层次，是水稻的容根层。灌水时为兰灰色，最表层有厚度约几毫米的氧化层，干时有"鳝血"，成分为腐殖酸铁（红棕色胶膜）。该层结构分散，呈碎块状和团粒结构，厚度一般为15~20cm，养分较高。淹育层有时也称淋溶层。

犁底层（Ap）：受耕作机械及静水压和黏粒淀积的影响该层紧实，但该层的物质淋出多于加入，没有黏化现象，际上是一个淋溶层（部分为人造形成的），厚度一般为10cm左右，容重大$(1.3\sim1.4g/cm^3)$，结构为大棱块状，主要作用是防止漏水漏肥。

渗育层（渗渍层P）：田面水层的静水压使水分溶解或悬浮少量胶体从该层经过，其特征是较疏松，水不饱和。在灌水时其Eh大于A层，呈黄色或灰黄色，大状结构和棱柱状结构，垂直裂隙明显，厚度为25cm左右。该层铁锰分层明显，铁在上锰在下。

潴育层（W）：该层位于地下水上下移动处，结构为棱柱状，厚度35cm左右；由于地下水上下不断交替，铁锰氧化物呈叠加式淀积（向上移动时铁下锰上；向下移动时铁上锰下），土色常为黄棕色，有灰色胶膜，有时该层也称为淀积层或锈斑层）。

潜育层（G，还原层，青土层）：在地下水位以下，始终处于水饱和还原状态，具以下特征：土粒分散，无团聚结构，土体烂糊；土色以青灰色为主；亚铁反应显著。

脱潜层（WG）：是潜育层向潴育层过渡的发生层，是潜育型水稻土经人为排除地表水和降低地下水后，进行水旱轮作影响下形成的，土体水分受地下水、降水和灌溉水三重影响，铁锰叠加淀积，土体以青、灰色为主，戎上有少量锈色胶膜，结构为大块状和棱块状，厚度为40cm左右。

台州市水稻土因分布的地形位置、水分条件、盐分积累的差异，可分为渗育型水稻土、潴育型水稻土、脱潜型水稻土和潜育型水稻土等亚类。

渗育型水稻土面积为8.05万hm²，占全市水稻土面积的40.31%，分布于丘陵山地、河谷平原和滨海平原。其母土为红壤和黄壤及浅海沉积物、河流冲积物，大部分分布于山地丘陵的山地岗背、缓坡地区，多为梯田，其地下水位很低，不受地下水的影响。土壤水分主要来源于降雨和灌溉，部面构型为A-Ap-P-C。该亚类水稻土因缺水源，因受母土的影响，土壤多呈微酸性，土质偏黏，生产受到限制。土属包括黄泥土、钙质紫泥田、酸性紫泥田、红泥田、培泥砂田、江涂泥田、淡涂泥田、涂泥田和滨海砂田等。

潴育型水稻土广泛分布于水网平原、河谷平原，山间谷地，山前垄口也有零星分布；面积为8.77万hm²，占全市水稻土面积的43.90%，是台州市最主要的水稻土。潴育型水稻土的成土母质（母土）河流、河口、滨海平原及山区、低丘的山垅中，水源充足，土壤受地下水和地表水双重影响，具有明显的潴育型，土壤剖面构型为A-Ap-P-W-C。该类土壤分布区域地势平坦，土层深厚，冬季地下水位低，种植水稻季节地下水位较高，是"良水型"水稻土，其水、气较为协调，肥力水平较高，具有高产的土壤条件，是台州市地力水平较高的一类耕地和主要稻作生产基地。土属包括老黄筋泥田、黄泥砂田、洪积泥砂田、泥砂田、泥质田、培泥砂田、黄斑田、粉泥田、老淡涂田等。

脱潜型水稻土分布于温岭、黄岩、临海等地的水网平原，面积为3.04万hm²，占全市水稻土面积的15.23%。脱潜型水稻土分布区的地形为古海湾的海积平原，母质为老海积物，系发育于古潜育体上的水稻。该类土壤的母质在沉积形成过程中曾经历湖沼化过程，由于原地下水位较高，土体呈潜育化，土色呈青灰色，后来由于种种原因（包括排水），地下水位下降，土壤剖面出现潴育化特征（具有明显的铁锰氧化物淀积），逐渐成为"良水型"水稻土，但古潜育体特征（基色为青灰色）还保留在土体中。该亚类土壤地处水网平原，人口稠密，精耕细作，水源充沛，土壤有机质较高，是高产粮田；但该类土壤质地一般较黏重，通透性较差，要注意开沟排水，合理轮作。土属只青紫泥田一个。

潜育型水稻土零星分布于各处的低洼部位，面积为0.11万hm²。其成土母质包括红壤坡积物、洪冲积物、老海相积物等。其分布的地形多为低洼地，是高潜水位型的水稻土，其潜育水位常常接近于地表，冬季地下水位很浅，土体软糊，土壤有机物质不易矿化，土体呈还原态，影响作物生长；土壤剖面构型为A-Ap-(P)-G-C。这类水稻土水肥气热不协调，土温低，通气性差，作物生长缓慢，产量不高。应加强排水，降低地下水位。土属包括烂潲田、烂泥田、烂青紫泥田和烂塘田等。

三、潮土

潮土分布在台州市河谷平原和滨海平原，水网平原也有零星分布，面积为2.28万hm²。母质包括河流冲积物、洪冲积物和海相沉积物。潮土是指土壤剖面处于周期性的渍水影响下，发展着土体内的氧化还原交替过程的一大类土壤。其主导成土因子是丰富的降水（湿润气候）和徐缓的地表排水（平原及长坡缓坡地形）以及人为灌溉作用。其形成过程应包括脱盐淡化、潴育化和耕作熟化三方面的特点。

一是脱盐淡化过程。海涂经围堤挡潮后，在自然降雨、人工灌溉，开沟排水等作用下，开始了滨海土壤脱盐淡化演变过程。滨海地区的潮土形成于海相沉积物，长期脱盐的结果使土壤1m土体内的盐分降至于0.1%以下。

二是潴育化过程。分布在滨海平原和水网平原的潮土，地势平缓，土体深厚，地下水位常在1m左右，并受季节性降雨和蒸发影响而上下移动；分布在河谷除非地和低丘坡麓地带的除受地下水的影响外，还受侧渗水影响，土体内氧化－还原作用频繁，潴育化过程显明，使剖面中、下部形成铁锰斑纹淀积或呈结核。

三是耕作熟化过程。潮土是人们通过耕作、栽培、施肥、排灌等措施定向培育的旱作土壤，耕作熟化过程是潮土形成过程中的主要特点。通过耕作利用，土壤有机质不但不会减少，而且还会增加积累。

耕作历史长久的潮土，其剖面层次可分为耕作层、亚耕层、心土层和底土层，而发育较差的潮土一般分表土层、心土层和底土层。潮土的母质来源广，质地变幅大，从砂质壤土至黏土均有之。剖面质地大体可分为两大类：一类是均质型，广泛分布在滨海、水网平原和河谷平原中一部分，土体质地均一，一般无石砾；另一类夹层型，即土体中夹有粗砂层、砾石层，或泥、砂、砾混杂，主要分布各河漫滩和洪积扇上，质地砂质壤土至砂质黏壤土。潮土的pH值、阳离子交换量、易溶盐和游离碳酸钙含量变化较大，滨海平原的潮土pH值、易溶盐和游离碳酸钙较高，而河谷平原和水网平原的潮土则较低，CEC主要与土壤的质地有关，一般是滨海平原和水网平原的较高，河谷平原的较低。

无石灰反应的潮土包括洪积泥砂土、培泥砂土、泥砂土、古潮泥土等土属；而有石灰反应的潮土包括淡涂泥、江涂泥等。

洪积泥砂土：分布在洪积扇谷口出口处，母质为洪积物，多砾石（20%左右），质地黏壤土，微酸性反应。

培泥砂土：分布在低河漫滩上，质地比清水砂细，以砂质壤为主（黏粒15%左右，砂粒50%），目前也受大洪水影响，具有一定的肥力，一般上黏下砂，微酸至中性。

泥砂土：分布在江河上游的高河漫滩阶地上母质为近代河流冲积物，质地粗，砾石10%左右，砂粒50%左右，质地为壤土，酸性至中性，剖面分化不明显，一般无铁锰分离。

淡涂泥：母质为浅海沉积物，为盐土与潮土的过渡土壤类型，已脱盐（<1g/kg），但有石灰性反应（至少下层有），心土层有铁锰斑。

江涂泥：分布在河谷地区，母质为浅海沉积物与河流冲积物的混和物（河海相），已脱盐，但有石灰反应，地下水为咸水，旱季可能返盐。

四、滨海盐土

台州市盐土呈带状分布在滨海平原外侧和海岛周围，面积8.35万hm²。该类土壤成土母质为新浅海沉积物，地形为滨海平原。盐渍化是该类土壤的独特成土过程。但在海水涨、落潮而对土体起间歇的浸渍中，土壤除盐渍化过程外，尚附加脱盐过程。由于海水对土体盐分的不断补充，脱盐过程表现微弱。当土体淤高至不受海水浸淹或筑堤围垦后，土壤由盐渍化过程演变为脱盐过程。虽然滨海盐土可因地面高程受海水影响情况的差异，表现其盐渍化和脱盐两个截然不同的成土过程。但均具有共同的基本性状和特点。

一是成土历史短，剖面发育差。在土壤剖面中层次分化发育不明显，只是表层土壤有机质和养分含量相对地高于下段土体。因此，滨海盐土类的土壤发生型为Asa-Csa型。

二是含盐量高，呈碱性反应。滨海盐土的盐分含量相差很大，取决于成土过程中的积盐和脱盐的强度。本类土壤均呈碱性反应，pH值7.5~8.5。但随着成土过程的变化，pH值也有所变化。其趋势是：土壤处于盐渍过程为主时，表层土壤pH值8.0以上，1m土体内变化不大；当土壤进入脱盐过程后，表层土壤的pH值有所下降，在7.5左右，在1m土体内，呈上低下高。

三是土壤质地较为黏重，同一剖面中较为均一。由于一个地方的海水动力条件比较恒定，因此从单一的土壤剖面来看，上下之间的土壤质地较为均一。

四是土壤有机质和氮素含量较低。由于成土时间短，土壤有机质和氮素较低。

该类土壤有部分开垦为旱地，由于盐分较高，易产生盐害。在农业利用中，应加速土壤脱盐，防止盐害是农业生产的重要措施。

台州市滨海盐土分为滨海盐土和潮滩盐土2个亚类。潮滩盐土分布在海堤外侧，目前还受海潮影响，含盐>10g/kg。仅设一个土属，为滩涂泥。滨海盐土分布在海堤内侧，目前不受海水影响，正在脱盐，含盐量1~10g/kg。根据围垦时间和脱盐程度可分为涂泥土属（含盐10g/kg左右，围垦不久）和咸泥土属（含盐1~6g/kg，已农用）。

五、紫色土

紫色土类归属初育土纲。因受母岩岩性频繁侵蚀的影响，土壤剖面发育极为微弱：土体浅薄，一般不足50cm，且显示粗骨性；剖面分化不明显，属A-C型；土色酷似母岩的新风化体；在多数情况下，母岩的碳酸盐仍保留于土体中，故其土体尚停留在初育阶段。台州市紫色土主要分布在天台、仙居等红盆地内的丘陵阶地上，它与红壤类等地带性土壤交错分布，但它们分布的边界清晰易辨。其总面积为1.59万hm²，占全市土壤总面积的1.70%。

台州市紫色土系由白垩纪紫红色砂页岩、紫红色砂砾岩等风化物的残坡积体发育而成的。这些母岩常含有1%~10%碳酸钙、镁，其石灰性反应显明，但也有少量母岩不呈石灰反应。土壤形成具有以下特征。

一是微弱的淋溶过程。紫色土的母岩，岩性软弱，易风化，而且其风化物易遭刷，尤其是所含矿质胶粒，极易分散于水，形成稳定的悬液，而随径流迁徙。紫色土的化学风化，往往起始于所含碳酸盐的碳酸化作用，它使母岩中的胶结力削弱，而使沉积岩懈散。但这种风化是很不彻底的，含有大量的石英及长石、云母等原生矿物碎屑，基本上保持母岩中原有状态；其黏粒矿物类型，亦显示了对母岩的显著的继承性，主要为伊利石，伴有少量的高岭石。土壤剖面中物质的迁移，仅表现出碳酸盐的开始下迁或淋铁，一般未涉及黏粒的淋移。

二是紫色母岩极易崩解。紫色砂页岩等的岩性脆弱，极易崩解。但是，紫色土的土壤骨骼颗粒和土壤基质之间结持力弱，结构不稳定，加之土被较差，又处于雨量较大的亚热带气候条件下，紫色土的片蚀和沟蚀现象十分严重。台州市许多紫色土丘陵的顶部土壤被侵蚀光，而保留下来的是紫砂岩秃。由于裸露的母岩风化快，被侵蚀也快，所以紫色土始终处于母岩风化-侵蚀-再风化土壤发育的幼年阶段。

三是脱碳酸盐的淋溶过程。石灰性紫色土的发育过程中，在耕作施肥和生物活动的影响下发展了强烈的碳酸化作用，使母岩及土体中碳酸钙、镁转化为溶解性重碳酸钙、镁而随雨水向下层或淋出土体，这种碳酸化作用随成土时间增加而加强，例如紫砂土土属的发育正处于脱碳酸盐的淋溶过程，而红紫砂土土属则已基本上完成这一淋溶过程。石灰性紫色土的发育过程大致如下：石灰性紫色母岩(母质)经过碳酸化为主的风化作用演变为紫砂土属土壤，再继续脱碳酸盐及脱钙淋溶后可进一步演变为红紫砂土属土壤。

紫色土虽处在亚热带气候条件下，但它们的剖面分化很差。野外观察紫砂土、酸性紫色土的剖面，除表土层含有机质较多外，几乎看不到表、心、底土的什么区别。红紫砂土虽经过脱碳酸盐淋溶作用而显示其表土与底土在石灰性反应有区别外，其他方面都无明显区别。其剖面均属A—C型，或A—AC—C型；上下层次之间是渐变的。紫色土的颜色呈暗紫色、红紫及紫红色，土面吸热升温快，日夜温差大。土壤质地随母岩种类而异，变幅较大，从砂质壤土至壤质黏土：<0.002mm的黏粒含量多数在20%~30%，0.02~0.002mm粉黏含量在30%左右。土壤结持性差，易遭冲刷。土壤风化度弱，粉粒/黏粒比，平均在0.8~1.6，其粉砂性较突出，表明它们不同于同地带的红壤的强风化现象。

紫色土pH值，因母质差异，变动于pH值(H_2O)4.5~9.0。土壤阳离子交换量平均为10cmol(+)/kg左右，盐基饱和度亦因素养岩而异，可从盐基饱和至盐基饱和度很低变化。紫色土属弱风化淋溶土壤，其黏粒部分的硅铝率和硅铁铝率显著高于红壤，而且有相当多的紫色土的Sa值超过3.0，这说明紫色土不归属于富铝化土壤。

紫色土的黏粒矿物类型以2:1型为主，即以伊利石为主，伴有少量蒙脱石、蛭石以及少量1:1型的高岭石。另外，紫色土的颜色与其含有高量赤铁矿有关，这类赤铁矿结晶良好，是非风化产生的，而是母质残留的。

紫色土对作物的土宜性好，宜种作物多，含丰富的钾，稍施肥，就能获得较好的收成。其有效微量元素铁、锰含量较丰富，硼、钼较缺乏，铜、锌居中等水平。但是，紫色土中的紫砂岩碎屑，将不断风化，释出盐基性养分和磷酸，补给于土壤供作物吸收利用。紫色土酸碱度适中，排水良好，微生物活动旺盛，有机质积累比黄筋泥快。该类土壤土色深，吸热快，土温昼夜变化大，有利于作物发芽和苗期生长，尤其适宜于薯类和豆类作物生长。紫色土最大的缺点是：土壤结特性差，抗冲刷性能弱，且易受干旱威胁；加之垦伐频繁，植被稀疏，土壤冲刷的现象更易发生。

根据土壤和母质中是否有石灰反应，台州市紫色土可分为石灰性紫色土和酸性紫色土等2个亚类。

石灰性紫色土亚类占紫色土的50.84%，土壤呈中性至微碱性，根据石灰性反应的强弱可分为两个土属。

紫砂土土属：全剖面均有强的石灰反应。

红紫砂土土属：表土无石灰性反应，但母质中有石灰反应，表土呈酸性。酸性紫色土亚类占紫色土的49.16%，土壤和母质均无石灰反应，土壤为酸性和微酸性，pH值4.5~6.5，只设酸性紫砂土1个土属。

六、粗骨土

粗骨土广泛分布于本市丘陵山地侵蚀严重的陡坡地带，其总面积为10.05万hm²，占全市土壤总面积的10.75%，占山地土壤总面积的16.47%。粗骨土是酸性岩浆岩、沉积岩和变质岩风化物。由于在其形成过程中，不断地遭受较强的片蚀，使其黏细风化物被大量蚀去，残留着粗骨成分，因而所发育的土壤，呈显著的薄层性(一般不足20cm)和粗骨性，其剖面的分化极差，故称为粗骨土。

台州市粗骨土与红壤类的红壤性土亚类既有其相似性，又有其差异性。其相似性表现在它们多数均处于植被十分稀疏和坡度很陡的地段，故侵蚀严重。其差异则在于土壤发育和剖分化强弱不一。这两类土壤的母岩的新风化物，均不易在原地残积，而使岩石露头及粗骨性，岩屑遍布地表。当由于侵蚀及母岩本身的特性影响，使土壤的发育一直滞留在起始阶段，难于反映其成土类型时，就称为粗骨土。若侵蚀稍弱而可保留一定土层者，则在本市湿热的气候和旺盛的生物作用下，在那里的土壤就可以显示红壤的某些特征（如富铝化），因而可以把它称为红壤性土，而归属于红壤类。

粗骨土的发生剖面，属于A—C型。A层是以粗骨土粒为主，仅含少量细土及有机物，它与初风化或半风化的母岩，直接相连。所以这种土壤剖面，实际上不能说明土壤的发育类别。

粗骨土的形成与下述因素有关。

一是降雨因素。降雨量和降雨强度越大，大雨（降雨≥25mm／日）日数越多，土壤遭受侵蚀程度就越严。

二是地形因素。地面坡度和坡长是影响水土流失的两个基本地形因素。地面坡度≥2%便能引起侵蚀。所以，在其他条件相同的情况下，由于重力作用的影响，坡度越陡、坡面越长，则土壤侵蚀程度越严重。

三是母质因素。不同母岩及其母质发育的土壤，对以水动力为主的水蚀的抗侵蚀程度是不同的。一般来讲，粉砂含量高、土体松散、黏结力弱的土壤类型，容易遭受侵蚀，进而演变成为粗骨土。

四是人为因素。人类樵采过度，刀耕火种及全垦造林等不合理开发利用山地土壤资源的情况，迄今未被禁止。木材过量采伐，使植被覆盖率下降，雨水对地表的冲刷力增强，土壤蓄水能力减弱，导致水土流失严重，粗骨土面积扩大。

粗骨土具以下特征。

一是薄层性和粗骨性。粗骨土的母质为各种酸性岩浆岩、质岩和沉积岩残积风化物，属A—C型，土体浅薄，显粗骨性，颜色随母岩而异，强酸性。由于粗骨土在其形成过程中，遭受严重的片蚀，土体浅薄。细土质地为砂质壤土至砂质黏壤土，土体中约有2/3为石砾和砂粒，粗骨性十分明显。

二是土色。粗骨土的颜色，随着母岩风化物的基色不同而异。由凝灰岩风化物发育的石砂土，以浊橙色（5YR6/3—6/4）为主；由花岗岩风化物发育的白岩砂土，以棕色（10YR4/6—7.5YR4/4）为主；粗骨土的土色（干土）除受有机质染色外，主要受母质的基色所制约。

三是酸度。粗骨土的反应呈强酸性、酸性，少数呈微酸性。细土有效阳离子交换量为10cmol(+)/kg土左右；盐基饱和度50%左右。

粗骨土土体中虽夹有大量石砾，但细土部分有机质含量较丰富。粗骨土一般不适于农业利用，应注意水土保持。

台州市粗骨土只设酸性粗骨土1个亚类，根据质地、母质等可分为石砂土、白岩砂土和片石砂土等3个土属。

石砂土：母质为硅质岩（凝灰岩、流纹岩、石英砂岩），质地多为砂质壤土，黏壤土，黏粒含量约20%；红泥土和黄泥土侵蚀后可形成这类土壤。

白岩砂土：母质为花岗残坡积物，质地多为砂质壤土，砂黏质红泥和砂黏质黄泥侵蚀后可形成这类土壤。

片石砂土：母质为泥页岩，具片状的岩石碎屑，质地黏壤土，黄红泥土强烈侵蚀后可变为该土。

第三章 耕地地力评价

第一节 国内外耕地质量及其调查评价研究进展

一、耕地地力与耕地质量的概念

耕地地力是指在特定气候区域以及地形、地貌、成土母质、土壤理化性状、农田基础设施及培肥水平等要素综合构成的耕地生产能力，由立地条件、土壤条件、农田基础设施条件及培肥水平等因素影响并决定。它是耕地内在的、基本素质的综合反映。因此，耕地地力也就是耕地各自然要素相互作用所表现出来的综合生产能力。

耕地地力是耕地质量的重要组成部分，它主要反映了耕地质量的生产功能。由于人口增加和经济发展导致耕地减少，近30年来耕地质量已受到国内外学者的重视。研究者从耕地质量的含义、影响耕地质量的因素及耕地质量的评价方法等方面对耕地质量进行了广泛的探讨。根据国务院2009年4月通过的《全国新增1 000亿斤(1斤 = 500g)粮食生产能力规划(2009—2020年)》(以下简称规划)，到2020年，我国粮食生产能力达到11 000亿斤以上，比现有产量增加1 000亿斤。耕地保有量保持在1.2亿hm²(18亿亩)，基本农田面积1.04亿hm²(15.6亿亩)，粮食播种面积稳定在1.05亿hm²(15.8亿亩)以上(1亩 ≈ 666.7m²。全书同)。规划中对耕地数量作出了明确界定，但是就耕地总量动态平衡而论，没有质量为基础的耕地数量平衡是难以保障粮食供求平衡的。由于耕地质量在保障农田生产力中的重要性，耕地质量的维持与提高已成为耕地管理中的一项极为重要的任务。

至今，耕地质量概念及内涵没有统一提法。但一般认为，耕地质量是多层次的综合概念，是指耕地的自然、环境和经济等因素的总和，相应地耕地质量内涵包括耕地的土壤质量、空间地理质量、管理质量和经济质量等4个方面。其中，土壤质量是指土壤在生态系统的范围内，维持生物的生产力、保护环境质量以及促进动植物和人类健康的能力，耕地的土壤质量是耕地质量的基础；耕地的空间地理质量是指耕地所处位置的地形地貌、地质、气候、水文、空间区位等环境状况；耕地的管理质量是指人类对耕地的影响程度，如耕地的平整化、水利化和机械化水平等；耕地经济质量是指耕地的综合产出能力和产出效率，是耕地土壤质量、空间地理质量和管理质量综合作用的结果，是反映耕地质量的一个综合性指标。

二、耕地质量评价指标体系

影响耕地质量因素很多，在进行耕地质量评价时必须选取对耕地质量影响大、稳定性强且能确切反映耕地质量差异的因子来进行评价。区域耕地质量评价指标的选择应遵循以下原则。

一是统一性原则。即各耕地样点应选取统一的评价指标，以保证它们具有可比性。

二是主导性原则。即选取能正确反映耕地基本功能的有代表性的物理、化学和生物性质，避免指标复杂化。

三是敏感性原则。即选取的评价指标对土壤利用方式、气候和管理的变化有比较敏感的反应。

四是实用性原则。即选取的指标应该容易定量测定、或者容易获得，能被大家理解和接受。

五是独立性原则。即所选的指标间不能出现因果关系，避免重复评价。从多元统计分析的过程来看，评价指标的相关程度越小，则分析结果的可信度越高。

六是稳定性原则。即所选的指标对耕地质量影响比较稳定，能真实反映耕地质量优劣。

简而言之，在选择区域性耕地质量评价指标时，要做到简单、合理和实用。区域性耕地质量评价指标的确定则需要根据区域特点，结合主导性原则和敏感性原则，选取能够真实反映区域耕地质量变化的评价指标，而不一定拘泥于统一的评价指标和权重，目的是能够反映区域内部耕地质量之间的细微差别。

在耕地质量评价过程中，评价指标体系的研究是重要环节。由于研究地域的差异性和指标的复杂性，目前在耕地质量指标体系方面尚未取得共识，但学术界对此已有很多尝试。我国农业部建立的中国耕地基础地力指标总集中，分为气候、立地条件、剖面性状、耕地理化性状、耕地养分性状、障碍因素和土壤管理等7个方面，共64个因素。

目前，各种类型耕地质量评价所构建的评价指标体系都以气候因素、地形自然条件因素和土壤物理化学性状因素等为主。根据耕地质量的概念和内涵，影响耕地质量的因子可分为自然因素和社会经济因素两类。自然因素是一种内在变化，需要长期积累。而随着人类活动对耕地质量的影响越来越显著，社会经济条件也成为耕地质量评价的重要环节。自然因素指标主要包括耕地的立地条件、土壤质量和气候质量等。立地条件指标包括地形地貌、成土母岩或母质、坡度、坡向、表土层厚度和质地、土体构型、障碍层厚度和出现的位置、水土流失强度、沙化或盐渍化程度等。耕地土壤质量包括耕地土壤的肥力质量、健康质量和环境质量。肥力质量指标包括土壤物理、土壤化学、生物学等指标。其中土壤物理指标包含土层和根系深度、容重、渗透率、团聚体的稳定性、质地、土壤持水特征、土壤温度等参数；土壤化学指标包括有机质、pH值、电导率、常量元素和微量元素(如锌、硼等)等；土壤生物学指标包括微生物生物量碳和氮、潜在可矿化氮、土壤呼吸量、酶、生物碳／总有机碳比值、微生物丰度及多样性、土壤动物的丰度、生物量及多样性等。土壤环境质量和健康质量指标在不同的文献中有较大差异。气候质量指标一般用于大尺度的耕地质量评价，如区域、国家和全球尺度。气候质量指标包括太阳辐射(辐射强度、季节分布、日照天数、日均照射时间)、温度(有效积温、年平均温度、月平均温度、年际变化)、降水量(年平均降水量、季节分配、年变率)和气象灾害(风沙、暴雨、冰冻、霜雹等)。社会经济指标主要指交通状况、土地投入、耕作制度和政策措施等。耕地的交通状况是由耕地空间地域性决定的。在农业生产中，耕地位置的远近，交通状况的好坏会对经济利益产生很大的影响。土地投入指标包括肥料投入(包括化肥、有机肥等)、灌排设施投入、农药投入和薄膜投入等。耕作制度包括粮食作物面积比例、经济作物面积比例、耕地利用类型、种植结构、轮作制度和规模利用程度等。政策措施指标主要指明晰土地产权，正确引导土地流转，提高农产品价格和进行种植补贴等。总体而言，影响耕地质量的因素指标很多，且重要程度即权重各异，应结合实际，因地制宜地选择因素，利用合理的方法确定权重。

三、我国耕地质量评价历史回顾和发展趋势

我国耕地评价历史悠久，早在2 000多年前就有按土壤色泽、性质、水分状况来识别土壤肥力

和分类的记载。在《尚书·禹贡篇》和《管子·地员篇》中也有关于黄河流域及长江中下游土壤分类评价的实际记载，将天下九州的土壤分为三等九级，根据土壤质量等级制定赋税，这可能是世界上最早的关于土壤质量评价的记载。在几千年的农业社会中，耕地定级估价的理论与实践都有很大的发展，而较为系统的耕地评价始于新中国成立后。

20世纪50年代，政务院召开全国土壤肥料大会，决定要开垦荒地，并对全国中低产田的区域、类型、改良措施和途径进行研究，推动了新中国耕地评价工作的发展。1951年，财政部组织查田定产对全国耕地进行评定等级。1958年开展了全国第一次土壤普查工作，完成了全国土地资源中土壤的类型、数量、分布和各种类型土壤基本性状的调查。1979年开始进行第二次土壤普查，首次在全国范围内对全部土壤类型进行资源性调查，并对耕地基础性状和生产能力进行了较为全面的评价。

20世纪80年代末期，随着"3S"（GIS、GPS、RS）技术和地图、自动制图技术等高新技术的发展与应用，推动了耕地质量的评价工作。1984年至今，农业部在全国200个点上持续开展耕地地力监测和评价工作，并建立了数据库。1986年，原农牧渔业部土地管理局以水、热、土等自然条件为评价因素，来划分农用地自然生产潜力的级别。"七五"期间，中国农科院和农业部按土壤肥力、土壤理化性状、土壤障碍因素、农用地生产水平等条件综合比较，把全国农用地划分为5个等级。1995年，中国农科院以县级为单位对耕地进行了分区评价，并给出了每个县级单位的耕地质量指数。1997年，农业部根据粮食单产水平把全国耕地划分为7个耕地类型区、10个耕地地力等级，并分别建立了各类型区耕地等级范围及基础地力要素指标体系。2002年以来，农业部在30个省（市、区）开展了耕地地力评价指标体系建立工作，并逐渐建立了全国耕地分等定级数据库和管理信息系统。

目前，我国耕地地力评价主要方法包括经验判断指数和法、层次分析法、模糊综合评价法、回归分析法和灰色关联度分析法等多种，但应用较多的还是经验判断指数和法、层次分析法、模糊综合评价法等。经验判断指数和法，是根据经验去判断参评因素权重并进行耕地评价的一种方法。以调查访问和当地多年种植经验为依据，选定参评因素，并确定各参评因素的权重（经验权重）。然后，按评价单元累加各参评因素的指数获得指数和，再对照事先设定的不同耕地等级指数范围，评定各单元的地力等级。层次分析法（Analytic Hierarchy Program，AHP法）的基本原理，是把所研究的复杂问题看作一个大系统，通过对系统的多个因素的分析，划分出各因素间相互联系的有序层次；再请专家对每一层次的各因素进行可靠的判断后，相应地给出相对重要性的定量表示；进而建立数学模型，计算出每一层次全部因素的相对重要性的权值，并加以排序；最后根据排序结果进行规划决策和选择解决问题的措施。由于耕地质量本身在"好"与"不好"之间也无截然界限，这类界限具有模糊性，因此，有不少学者尝试用模糊评语评定耕地质量。

20世纪80年代末以来，"3S"（GIS、GPS、RS）技术和地图、自动制图技术等高新技术和方法在耕地评价中得到了广泛应用。GIS即地理信息系统（Geographic Information Systems，GIS）是多种学科交叉的产物，它以地理空间为基础，采用地理模型分析方法，实施提供多种空间和动态的地理信息，是一种为地理研究和地理决策服务的计算机技术系统。GIS技术从20世纪70年代开始正式运行以来就被广泛用于土地资源清查、土地评价、土地利用规划、综合制图等方面。利用GIS技术和适当的评价方法，不但提高了结果的精确度，有利于评价结果的推广应用，同时也减少了评价工作中所需的人力、物力、财力。GIS具有管理空间不均匀分布资源的功能，应用GIS对耕地地力进行评价既能把握影响耕地地力的因素、空间变异状况和耕地地力的空间分布状况，又能把它们精确地反映到图上，克服过去人工进行评价所具有的速度慢、准确率低、数据更新不方便的缺点，为耕地地力评价提供了良好的工具。

GPS又称为全球定位系统（Global Positioning System，GPS）是美国从20世纪70年代开始研制，于1994年全面建成的三维导航与定位能力的新一代卫星导航与定位系统。现在GPS与现代通信技术相结合，使得测定地球表面三维坐标的方法从静态发展到动态，从数据后处理发展到实时的定位与导航，极大地扩展了它的应用广度和深度。载波相位差分法GPS技术可以极大提高相对定位精度，在小范围内可以达到厘米级精度，因此，已被广泛应用于土地利用调查。RS技术即遥感技术（Remote Sensing，RS）是指从高空或外层空间接收来自地球表层各类地理的电磁波信息，并通过对这些认息进行扫描、摄影、传输和处理，从而对地表各类地物和现象进行远距离控测和识别的现代综合技术，可用于植被资源调查、作物产量估测、病虫害预测等方面。

随着新技术、新方法在耕地评价中的应用，使评价因子更为全面，并且朝着定量化和实用化方向发展，尤其是地理信息系统在耕地评价中得到了广泛的应用，包括复杂的数学模型同地理信息系统结合、遥感技术和地理信息系统结合、运用专家系统和地理信息系统相结合等等。近年来，有关耕地地力评价的服务领域越来越广泛，一是调查和评价耕地地力现状，确定存在障碍的生产区域，为耕地的合理开发服务；二是分析不同耕地利用方式或土壤管理措施对土壤带来的影响；三是评价耕地管理方式的可持续性，确定土壤的有效管理措施；四是监测土壤的环境质量，发现土壤本身存在的环境问题。就耕地地力评价而言，GIS作为一种新兴的应用技术，正快速向规范化方向发展，在土壤调查数据管理、基本地学统计、地力等级评价、专题图件制作等方面已经成为当前耕地地力调查和质量评价的必要手段。今后，随着研究的进一步深入，GIS的二次开发会受到越来越多的研究者重视，尤其是结合网络GIS的发展，耕地面积及其质量的空间动态变化与监测将会作为社会公共信息发布，其意义不仅在于提高耕地信息的准确性和时效性，为耕地规划、农业种植和管理部门提供决策依据，而且会通过网络媒体呼吁公共的耕地保护意识，从而进一步促进我国耕地质量建设和农业可持续发展。

第二节　台州市耕地地力评价的技术路线

耕地地力评价是指以利用方式为目的，对耕地生产潜力和土地适宜性进行评估，主要揭示生物生产力的高低和潜在生产力，其实质是对耕地生产力高低的鉴定。因此，可以说耕地地力评价是客观决策生态、环境、经济、社会可持续发展的重要基础性工作。耕地地力评价的环节涉及土壤样品的采集、土壤理化性状的鉴定、评价数据的收集、评价指标体系的建立和评价方法的确定等。

一、土壤样品的采集与分析方法

（一）采样点的设计

1. 布点原则

根据《农业部耕地地力调查项目实施方案》要求，为了使土壤调查所获取的信息具有一定的典型性和代表性，提高工作效率，节省人力和资金，土壤采样布点和采样时主要遵循以下原则：一是广泛的代表性、均匀性、科学性、可比性；二是点面结合；三是与地理位置、地形部位相结合。

2. 采样点布设

采样点布设是土壤测试的基础，采样点布设是否合理直接关系到地力调查的准确性和代表性。因此，在调查开展之前必须进行样点选择的优化。主要通过在已生成的评价单元图的基础上，综合分析第二次土壤普查时的各种类型土壤采样点位、农田基础设施建设状况、土壤利用类型、土壤污染状况、行政区划图等资料，进行优化布局，以满足评价要求。采样点不宜选在住宅周围、路旁、沟渠边等人为干扰较明显的地点。确定的点位要有代表性、均匀性，并尽可能选取第二次土壤普查时的采样点位。按照农业部统一的测土配方施肥技术规范和要求，粮油作物平均每12hm² 左右耕地采集1个土样；经济作物平均每8hm² 左右取一个土样；合计取样11 095个。在布点时需要充分考虑地形地貌、土壤类型与分布、肥力高低、作物种类等，保证采样点具有典型性、代表性和均匀性。采样点分布如图3-1。

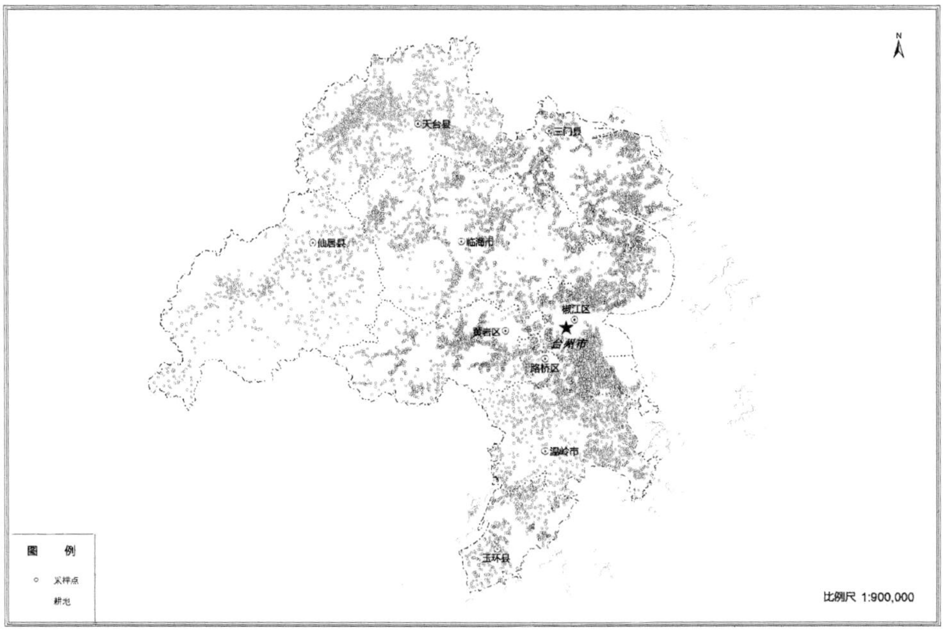

图3-1 台州市土壤样点分布图

（二）土壤样品的采集与田间调查

1.样品采集

土壤样品的采集是土壤分析工作的一个重要环节，采集样品地点的确定、采样质量与采样点数的多少直接关系到耕地质量评价的精度。

（1）采集时间。水稻、蔬菜等大田作物土样采集时间定在前茬作物收获后、下茬作物种植前或尚未使用底肥前；茶、果、木、竹等多年生经济作物土样采集时间定在下一次肥料施肥前。

（2）田块选择。在采样前，先询问当地农民以了解当地农业生产情况，确定具有代表性的、面积大于0.067hm² 的田块作为采集田块，以保证所采土样能真实反映当地田块的地力和质量状况。

（3）采集要求。为保证采样质量，采集的样品应具有典型性和代表性。采样时间统一在作物收获后，以避免施肥的影响。采样时，根据图件上标注的点位，向当地农技人员或农户了解点位所在村的农业生产情况，确定具有代表性的田块。在采样田块的中心用GPS定位仪进行定位，并按调查表格的内容逐项如实调查、填写采样田块的信息。长方形地块采用"S"法，近方形田块采用"X"法或棋盘形采样法，蔬菜及多年生经济作物还应按照地块的沟、垄面积比例确定沟、垄取土点位的数量。每个地块取10~15个分样点土壤，各分样点充分混合后，用四分法留取1.5kg左右组成一个土壤样品，进行统一编号并贴上标签，同时挑出植物根系、秸秆、石块、虫体等杂物。

（4）采集方法。先用不锈钢军用折叠铲（测定铁、锰等微量元素的样品时采用木铲）去除2~3cm表面土层，再用专用的不锈钢取土器取土，以保证每一个分样点采集土样的厚薄、宽窄、数量及采样深度相近；采样深度为3~18cm。为了提高土壤样品采集的质量，使所有采集的分样点样品的大小、重量、深度基本保持一致，以达到土样质量均衡的目的。

2.田间调查

田间调查主要通过2种方式来实现：一是野外实地调查和测定；二是收集和分析相关调查成果和资料。调查的内容分为3个方面：自然成土因素、土壤剖面形态和农业生产条件等。并按调查表的内容逐一填写数据信息，如表3-1采样地块基本情况调查表。

表3-1 采样地块基本情况调查表

统一编号：_____ 调查组号：_____ 采样序号：_____

采样目的：_____ 采样日期：_____ 上次采样日期：_____

地理位置	省(市)名称		地(市)名称		县(旗)名称	
	乡(镇)名称		村组名称		邮政编码	
	农户名称		地块名称		电话号码	
	地块位置		距村距离（m）		/	/
	纬度(度:分:秒)		经度(度:分:秒)		海拔高度(m)	
自然条件	地貌类型		地形部位		/	/
	地面坡度(度)		田面坡度(度)		坡向	
	通常地下水位(m)		最高地下水位(m)		最深地下水位(m)	
	常年降雨量(mm)		常年有效积温(℃)		常年无霜期(天)	
生产条件	农田基础设施		排水能力		灌溉能力	
	水源条件		输水方式		灌溉方式	
	熟制		典型种植制度		常年产量水平(kg/亩)	
土壤情况	土类		亚类		土属	
	土种		俗名		/	/
	成土母质		剖面构型		土壤质地(手测)	
	土壤结构		障碍因素		侵蚀程度	
	耕层厚度(cm)		采样深度(cm)		/	/
	田块面积(亩)		代表面积(亩)		/	/
来年种植意向	茬口	第一季	第二季	第三季	第四季	第五季
	作物名称					
	品种名称					
	目标产量					
采样调查单位	单位名称				联系人	
	地址				邮政编码	
	电话		传真		采样调查人	
	E-Mail					

（1）自然成土因素的调查。主要通过咨询当地气象站，获得了积温、无霜期、降水等相关资料；查阅台州市各县(市、区)的土壤志及其他相关资料，并辅以实地考察与调研分析，掌握了台州市海拔高度、坡度、地貌类型、成土母质等自然成土要素。

（2）土壤剖面形态的观察。在查阅县(市、区)土壤志等资料的基础上，通过对实地土壤剖面的实际调查和观察，基本掌握了市风内各地区不同土壤的土层厚度、土体结构、土壤质地、土壤干湿度、土壤孔隙度、土壤排水状况、土壤侵蚀情况等相关信息。

（3）农业生产条件的调查。根据《全国耕地地力调查项目技术规程》野外调查规程，设计了测土配方施肥采样地块基本情况调查表和农户施肥情况调查表等2种调查表，对大田、茶、果、蔬和竹园等生产与环境条件分别开展了调查，调查的内容主要包括：采样地点、户主姓名、采样地块面积、当前种植作物、前茬种植作物、作物品种、土壤类型、采样深度、立地条件、剖面性状、土地排灌状况、污染情况、种植制度、种植方式、常年产量水平、设施类型、投入（肥料、农药、种子、机械、灌溉、农膜、人工、其他）费用及产销收入情况。

（三）土壤样品的制备

野外采回的土壤样品置于干净整洁的室内通风处自然风干，同时尽量捏碎并剔除侵入体。风干后的土样经充分混匀后，按照不同的分析要求研磨过筛，装入样品瓶中备用，并写明必要的信息。样品分析工作结束后，将剩余土样封存，以备后用。用于土壤颗粒组成、pH值、盐分、交换性能及有效养分等项目测定的土样过2mm孔土筛；供有机质、全氮等项目测定的土样过0.25mm孔土筛。

（四）分析方法与质量控制

1.样品制备及保存

从野外采回的土壤样品应及时放在样品盘上，掰成小块，摊成薄层，置于干净整洁的室内通风处自然风干，并注意防止酸、碱等气体及灰尘的污染。样品风干时，经常对风干样品进行翻动，同时将大土块捏碎，除去作物根系，以加速干燥。样品风干后，平铺在制样板上，用木棍或塑料棍碾压，并将植物残体等剔除干净。细小已断的植物须根，可采用静电吸附的方法清除。

研磨后的土样按照不同的分析要求过筛，通过2mm孔径尼龙筛的土样可供土壤机械组成、水分、pH值、有效磷、速效钾、阳离子交换量、水溶性盐总量、有效态微量元素等项目的测定。未通过2mm孔径尼龙筛的砾石用水洗去粘附的细土，烘干后称重，计算砾石的比例。用四分法分取50g左右的通过2mm孔径的土样，继续碾磨，使之完全通过0.25mm孔径筛，用于有机质、全氮、全磷和金属元素全量等项目的测定。分析微量元素的土样，应严格注意在采样、风干、研磨、过筛、运输、贮存等诸环节，严禁接触容易造成样品污染的铁、铜等金属器具，以避免污染。

过筛的土样应充分混匀后，装入样品瓶中备用。瓶内外各放标签一张，写明编号、采样地点、土壤名称、采样深度、样品粒径、采样日期、采样人及制样时间、制样人等项目。制备好的样品要妥为贮存，避免日晒、高温、潮湿和酸碱等气体的污染。样品按编号有序分类存放，以便查找。全部分析工作结束，分析数据核实无误后，试样一般还应保存3个月至1年，以备查询。少数有价值需要长期保存的样品，须保存于磨口的广口瓶中。

2.分析项目与分析方法

土壤样品分析测定严格按照农业部《测土配方施肥技术规范》和省《测土配方施肥项目工作规范》进行，部分测试方法引用教科书的经典方法，见表3-2。分析项目包括pH值、容重、水溶性盐、有机质、有效磷、速效钾、全氮、水解氮和阳离子交换量等。

表3-2　土壤检测方法

分析项目	分析方法	单位
容重	环刀法	g/cm^3
质地	比重计法	%
酸碱度	电位法（土:水=1:2.5）	pH值
有机质	重铬酸钾氧化—外加热法	g/kg
有效磷	碳酸氢钠浸提—钼锑抗比色法	mg/kg
速效钾	乙酸铵浸提—火焰光度法	mg/kg

（续表）

分析项目	分析方法	单位
有效硅	乙酸-乙酸钠浸提-钼蓝比色法	mg/kg
阳离子交换量	乙酸铵交换法（酸性及中性土壤）	cmol/kg（土）
水溶性盐总量	电导法（土：水=1：5）	g/kg
有效铜	盐酸浸提—原子吸收分光光度法	mg/kg
有效锌	盐酸浸提—原子吸收分光光度法	mg/kg
有效钙	乙酸铵浸提—原子吸收分光光度法	mg/kg
有效镁	乙酸铵浸提—原子吸收分光光度法	mg/kg

（1）容重。测定土壤容重的方法为环刀法。在野外调查时取样，利用一定容积的环刀切割未搅动的自然状态的土壤，使土壤充满其中，烘干后称量计算单位体积的烘干土壤质量。一般适用于除坚硬和易碎的土壤以外各类土壤容重的测定。表层土壤容重做4~6个平行测定，底层做3~5个。

（2）质地。土壤颗粒分析方法目前最常用的为比重计法，其操作较为简便，且适于大批测定。目前我国土壤质地分类采用国际制，该制按砂粒(2~0.02mm)、粉粒(0.02~0.002mm)和黏粒(<0.002mm)的质量百分数组合将土壤质地分为四类十二级，如表3-3。

表3-3 国际制土壤质地分类表

质地类别	质地名称	各级土粒质量（%）		
		黏粒 (<0.002mm)	粉砂粒 (0.02~0.002mm)	砂粒 (2~0.02mm)
砂土类	砂土及壤质砂土	0~15	0~15	85~100
壤土类	砂质壤土	0~15	0~45	55~85
	壤土	0~15	30~45	40~55
	粉砂质壤土	0~15	45~100	0~55
黏壤土类	砂质黏壤土	15~25	30~0	55~85
	黏壤土	15~25	20~45	30~55
	粉砂质黏壤土	15~25	45~85	0~40
黏土类	砂质黏土	25~45	0~20	55~75
	壤质黏土	25~45	0~45	10~55
	粉砂质黏土	25~45	45~75	0~30
	黏土	45~65	0~35	0~55
	重黏土	65~100	0~35	0~35

（3）含水量。土壤全量分析时，其含量是以干土重为基数计算的，因此，要测定土壤含水量。土壤含水量的测定方法有很多，烘干法是目前国际上最常用的标准方法。将土壤样品于(105±2)℃烘至恒重，计算土壤失水重量占烘干土重的百分数，即为土壤含水量。对于有机质含量高的水稻土，由于风干土的吸湿水含量高，测定有效养分时也要测定含水量，进行校正。

（4）酸碱度。土壤酸碱度(pH值)是土壤溶液中氢离子(H^+)活度的负对数。土液中H^+的存在形态可分为游离态和代换态两种。由游离态H^+所引起的酸度为活性酸度，即水浸pH值；由土壤胶体吸附性H^+、Al^+被盐溶液代换至溶液中所引起的酸度为代换性酸度，即盐浸pH值。用电位法测定pH值。

（5）有机质。用油浴加热重铬酸钾氧化-容量法测定有机质。其特点是可获得较为准确的分析结果而又不需特殊的仪器设备，操作简捷，且不受土样中的碳酸盐的干扰。盐土的有机质测定时可加入少量硫酸银，以避免因氯化物的存在而产生的测定结果偏高的现象。对于水稻土及一些长期渍水的土壤，测定时必须采用风干样品。

(6)有效磷。在同一土壤上应用不同的测定方法可得到不同的有效磷测定结果，因此土壤有效磷浸提剂的选择应根据土壤性质而定。一般来说，碳酸氢钠法的应用最为广泛，它适用于中性、微酸性和石灰性土壤；而盐酸－氟化铵法在酸性土壤上的应用效果良好。

(7)速效钾。土壤速效钾包括水溶性钾和交换性钾。浸提剂为1mol/L乙酸铵，它能将土壤交换性钾和黏土矿物固定(非交换钾)的钾截然分开，且浸出量不因淋洗次数或浸提时间的增加而显著增加。该法设定土液比为1∶10，振荡时间为15min，而火焰光度法最适合速效钾的测定。

(8)阳离子交换量。阳离子交换量是指土壤胶体所能吸附的各种阳离子的总量，其数值以每千克土壤的厘摩尔数表示(cmol/kg)。用中性乙酸铵法交换法测定。

(9)水溶性盐总量。土壤水溶性盐的测定主要分为两步：即水溶性盐的浸提和水溶性盐总量的测定。土液比为1∶5，振荡时间15min。测定水溶性盐总量的方法有电导法和质量法。其中，电导法简便、快速，适合批量分析。

3.分析质量控制

为保证土壤评价结果的真实性和有效性，对检测质量的控制尤为重要。检测质量控制主要体现在两个方面，即实验室内检测质量控制和实验室间检测质量控制。为把影响因素控制在容许限度内，使检测结果达到给定的置信水平下的精密度和准确度，实验室内检测质量控制的主要内容包括：加强样品管理，严防样品在制样、贮存、检测过程中错样、漏样、不均匀、不符合粒径要求、污染及损坏等，以确保样品的唯一性、均匀性、真实性、代表性、完整性；选择适宜的、统一的、科学的检测方法，应尽可能与第二次土壤普查时所用方法一致，确保检测将结果的可比性；严格执行标准或规程，操作规范；改善检测环境，加强对易造成检测结果误差的环境条件的控制；加强计量管理，确保仪器设备的准确性；通过采用平行测定及添加标准样或参比样的方法，尽量确保检测结果的准确性及精密度。实验室间的质量控制是一种外部质量控制，通过采用发放标准物质的方法可消除系统误差和保证各县(市、区)实验室间数据的可比性，是一种有效的质量控制方法。

本市的样品分析是通过自检和对外送检相结合的形式进行的。自检的化验分析质量控制严格按照农业部《全国耕地地力调查与质量评价技术规程》和台州市各县(市、区)耕地地力调查与质量评价实施方案等有关规定执行；每批分析样品全设平行控制，每30~50个加测参比样1个，每批分析样品都设2个空白样进行基础实验控制；平行双样测定结果其误差控制在5%以内；且在每一次分析测试前，都对仪器进行自检，以确保仪器设备的正常运行。对外送检均选择具有资质的检测机构进行检测。

二、耕地地力评价依据及方法

由于耕地地力受到自然环境、土壤理化性质和栽培管理等大量因素的影响，其中不仅涉及到定性因素，还涉及定量因素，因子相互间对耕地地力的影响程度也有所不同。因此评价工作应该选择合适有评价因素加以评价。

(一)评价原则与依据

1.评价的原则

耕地地力就是耕地的生产能力，是在一定区域内一定的土壤类型上，耕地的土壤理化性状、所处自然环境条件、农田基础设施及耕作施肥管理水平等因素的总和。根据评价的目的要求，在台州台州市耕地地力评价中，评价遵循如下几个基本原则。

(1)综合因素研究与主导因素分析相结合的原则。土地是一个自然经济综合体,是人们利用的对象,对土地质量的鉴定涉及到自然和社会经济多个方面,耕地地力也是各类要素的综合体现。所谓综合因素研究是指对地形地貌、土壤理化性状、相关社会经济因素之总体进行全面的研究、分析与评价,以全面了解耕地地力状况。主导因素是指对耕地地力起决定作用的、相对稳定的因子,在评价中要着重对其进行研究分析。因此,把综合因素与主导因素结合起来进行评价则可以对耕地地力做出科学准确的评定。

(2)共性评价与专题研究相结合的原则。台州市耕地利用存在旱地、菜地、农田等多种类型,土壤理化性状、环境条件、管理水平等不一,因此耕地地力水平有较大的差异。考虑县域内耕地地力的系统、可比性,应选用统一的共同的评价指标和标准,即耕地地力的评价不针对某一特定的利用类型;另一方面,为了了解不同利用类型的耕地地力状况及其内部的差异情况,则对有代表性的主要类型如蔬菜地等进行专题的深入研究。这样,共性的评价与专题研究相结合,使整个的评价和研究具有更大的应用价值。

(3)定量和定性相结合的原则。土地系统是一个复杂的灰色系统,定量和定性要素共存,相互作用,相互影响。因此,为了保证评价结果的客观合理,宜采用定量和定性评价相结合的方法。在总体上,为了保证评价结果的客观合理,尽量采用定量评价方法,对可定量化的评价因子如有机质等养分含量、土层厚度等按其数值参与计算,对非数量化的定性因子如土壤表层质地、土体构型等则进行量化处理,确定其相应的指数,并建立评价数据库,以计算机进行运算和处理,尽量避免人为随意性因素影响。在评价因素筛选、权重确定、评价标准、等级确定等评价过程中,尽量采用定量化的数学模型,在此基础上则充分运用专家知识,对评价的中间过程和评价结果进行必要的定性调整,定量与定性相结合,从而保证了评价结果的准确合理。

(4)采用GIS支持的自动化评价方法的原则。自动化、定量化的土地评价技术方法是当前土地评价的重要方向之一。近年来,随着计算机技术,特别是GIS技术在土地评价中的不断应用和发展,基于GIS的自动化评价方法已不断成熟,使土地评价的精度和效率大大提高。本次的耕地地力评价工作将通过数据库建立、评价模型及其与GIS空间叠加等分析模型的结合,实现了全数字化、自动化的评价流程,在一定的程度上代表了当前土地评价的最新技术方法。

(5)最小数据集原则。因可选用的评价指标的繁复性,且生产上应用性较差,为简化评价体系,可采用土壤参数的最小数据集(minimum data set,MDS)原则。MDS中的各个指标必须易于测定且重现性良好。MDS应包括土壤物理、化学和生物三方面表征土壤状况的最低数量的指标。其中,有关土壤化学的数据较多,而土壤物理的数据较少,土壤生物的数据则更为鲜见。土壤物理指标因其具有较好的稳定性,在评价体系中起着重要的作用。

2.评价的依据

耕地地力是耕地本身的生产能力,开展耕地地力评价主要是依据与此相关的各类自然和社会经济要素,具体包括3个方面。

(1)耕地地力的自然环境要素。包括耕地所处的地形地貌条件、水文地质条件、成土母质条件以及土地利用状况等。

(2)耕地地力的土壤理化要素。包括土壤剖面与土体构型、耕层厚度、质地、容重等物理性状,有机质、N、P、K等主要养分、微量元素、pH值、阳离子交换量等化学性状等。

(3)耕地地力的农田基础设施条件。包括耕地的灌排条件、水土保持工程建设、培肥管理条件等。

(二)评价技术流程

耕地地力评价工作分为准备阶段、调查分析阶段、评价阶段和成果汇总阶段等4个阶段,其具体的工作步骤如图3-2。根据国内外的大量相关项目和研究，并结合当前台州市资料和数据的现状，耕地地力评价步骤主要包括以下步骤：第一步：利用3S技术，收集整理以第二次土壤普查成果为主的所有相关历史数据资料和测土数据资料，采用各种方法和技术手段，以市为单位建立耕地资源基础数据库。第二步：从国家和省级耕地地力评价指标体系中（表3-4），在省级专家技术组的主持下，吸收市级有实践经验的专家参加，结合实际，选择本市的耕地地力评价指标。第三步：利用数字化过的标准的市级土壤图和土地利用现状图，确定评价单元。第四步：建立市域耕地资源管理信息系统。采用全国统一提供的系统平台软件，按照统一的规范要求，将第二次土壤普查及相关的图件资料和数据资料数字化建立规范的数据库，并将空间数据库和属性数据库建立连接，用统一提供的平台软件进行管理。第五步：对每个评价单元进行赋值、标准化和计算每个因素的权重。不同性质的数据，赋值的方法也不同。数据标准化主要采用隶属函数法，并结合层次分析法确定每个因素的权重。第六步：进行综合评价并纳入浙江省耕地地力等级体系中。

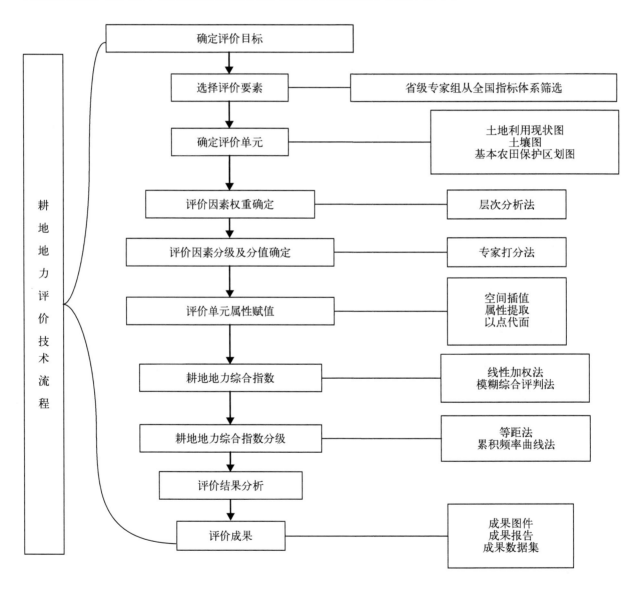

图3-2 耕地地力评价技术流程图

表3-4 耕地地力评价因子总集

气象	≥00积温	耕地理化性状	质地
	≥100积温		容重
	年降水量		pH值
	全年日照时数		CEC
	光能辐射总量	耕地养分状况	有机质
	无霜期		全氮
	干燥度		有效磷
立地条件	经度		速效钾
	纬度		缓效钾
	海拔		有效锌
	地貌类型		有效硼
	地形部位		有效钼
	坡度		有效铜
	坡向		有效硅
	成土母质		有效锰
	土壤侵蚀类型		有效铁
	土壤侵蚀程度		有效硫
	林地覆盖率		交换性钙
	地面破碎情况		交换性镁
	地表岩石露头状况	障碍因素	障碍层类型
	地表砾石度		障碍层出现位置
	田面坡度		障碍层厚度
剖面性状	剖面构型		耕层含盐量
	质地构型		1m土层含盐量
	有效土层厚度		盐化类型
	耕层厚度		地下水矿化度
	腐殖层厚度	土壤管理	灌溉保证率
	田间持水量		灌溉模数
	冬季地下水位		抗旱能力
	潜水埋深		排涝能力
	水型		排涝模数
			轮作制度
			梯田类型
			梯田熟化年限

（三）评价指标

1.耕地地力评价的指标体系

耕地地力即为耕地生产能力，是由耕地所处的自然背景、土壤本身特性和耕作管理水平等要素构成。耕地地力主要由三大因素决定：一是立地条件，就是与耕地地力直接相关的地形地貌及成土条件，包括成土时间与母质；二是土壤条件，包括土体构型、耕作层土壤的理化形状、土壤特殊理化指标；三是农田基础设施及培肥水平等。为了能比较正确地反映台州市耕地地力水平，以分出全区耕地地力等级，在参照浙江省耕地地力分等定级方案及兄弟单位工作经验的基础上，结合台州市实际，选择了地貌类型、冬季地下水位、地表砾石度、土体剖面构型、耕层厚度、耕层质地、坡度、容重、pH值、阳离子交换量、水溶性盐总量、有机质、有效磷、速效钾、排涝抗旱能力等15项因子，作为台州市耕地地力评价的指标体系。共分三个层次：第一层为目标层，即耕地地力；第二层为状态层，其评价要素是在省级状态层要素中选取了4个，它们分别是立地条件、剖面性状、理化性状、土壤管理；第三层为指标层，其评价要素与省级指标层基本相同。详见表3-5。

表3-5 台州市耕地地力评价指标体系

目标层	状态层	指标层
耕地地力	立地条件	地貌类型
		坡度
		冬季地下水位
		地表砾石度
	剖面性状	剖面构型
		耕层厚度
	理化性状	质地
		容重
		pH值
		阳离子交换量
		水溶性盐总量
		有机质
		有效磷
		速效钾
	土壤管理	抗旱/排涝能力

2. 评价指标分级及分值确定

本次地力评价采用因素(即指标，下同)分值线性加权方法计算评价单元综合地力指数，因此，首先需要建立因素的分级标准，并确定相应的分值，形成因素分级和分值体系表。参照浙江省耕地地力评价指标分级分值标准，经市、区里专家评估比较，确定台州市各因素的分级和分值标准，分值1表示最好，分值0.1表示最差。具体如下。

(1)地貌类型。

水网平原	滨海平原、河谷平原大畈、丘陵大畈	河谷平原	低丘	高丘、山地
1.0	0.8	0.7	0.5	0.3

(2)坡度(°)。

≤3	3~6	6~10	10~15	15~25	>25
1.0	0.8	0.7	0.4	0.1	0.0

(3)冬季地下水位(距地面cm)。

80~100	>100	50~80	20~50	≤20
1.0	0.8	0.7	0.3	0.1

(4)地表砾石度(1mm以上土占%)。

≤10	10~25	>25
1.0	0.5	0.2

(5)剖面构型。

A-Ap-W-C、A-[B]-C	A-Ap-P-C、A-Ap-Gw-G A-Ap-Gw-G	A-[B]C-C	A-Ap-C、A-Ap-G	A-C
1.0	0.8	0.5	0.3	0.1

（6）耕层厚度（cm）。

>20	16~20	12~16	8.0~12	≤8.0
1.0	0.9	0.8	0.6	0.3

（7）质地。

黏壤土	壤土、砂壤土	黏土、壤砂土	砂土
1.0	0.9	0.7	0.5

（8）容重（g/cm³）。

0.9~1.1	≤0.9或1.1~1.3	>1.3
1.0	0.8	0.5

（9）pH值。

6.5~7.5	5.5~6.5	7.5~~8.5	4.5~5.5	≤4.5、>8.5
1.0	0.8	0.7	0.4	0.2

（10）阳离子交换量（cmol/kg）。

>20	15~20	10~15	5~10	≤5
1.0	0.9	0.6	0.4	0.1

（11）水溶性盐总量（g/kg）。

≤1	1~2	2~3	3~4	4~5	>5
1.0	0.8	0.5	0.3	0.2	0.1

（12）有机质（g/kg）。

>40	30~40	20~30	10~20	≤10
1.0	0.9	0.8	0.5	0.3

（13）有效磷（mg/kg）。

Olsen法

30~40	20~30	15~20或>40	10~15	5~10	≤5
1.0	0.9	0.8	0.7	0.5	0.2

Bray法

35~50	25~35	18~25或>50	12~18	7~12	≤7
1.0	0.9	0.8	0.7	0.5	0.2

（14）速效钾（mg/kg）。

≤50	50~80	80~100	100~150	>150
0.3	0.5	0.7	0.9	1.0

(15)排涝(抗旱)能力。

排涝能力

一日暴雨一日排出	一日暴雨二日排出	一日暴雨三日排出
1.0	0.6	0.2

抗旱能力

>70天	50~70天	30~50天	≤30天
1.0	0.8	0.4	0.2

3.确定指标权重

对参与评价的15个指标进行了权重计算,具体数值见表3-6。

表3-6　台州市耕地地力评价体系各指标权重

序号	指标	权重	序号	指标	权重
1	地貌类型	0.100	9	pH值	0.060
2	剖面构型	0.050	10	阳离子交换量	0.080
3	地表砾石度	0.060	11	水溶性盐总量	0.040
4	冬季地下水位	0.050	12	有机质	0.1000
5	耕层厚度	0.070	13	有效磷	0.060
6	耕层质地	0.080	14	速效钾	0.060
7	坡度	0.050	15	排涝/抗旱能力	0.1000
8	容重	0.040			

(四)评价单元

本次评价采用土地利用现状图(比例尺为1∶50 000)和土壤图(比例尺为1∶50 000)叠加形成的图斑作为评价单元。评价单元图的每个图斑都必须有参与评价指标的属性数据。根据不同类型数据的特点,可采用以下几种途径为评价单元获取数据:一是对于点分布图,先进行插值形成栅格图,与评价单元图叠加后采用加权统计的方法为评价单元赋值。如土壤速效钾点位图、有效磷点位图等。二是对于矢量图,直接与评价单元图叠加,再采用加权统计的方法为评价单元赋值。如土壤质地、容重等较稳定的土壤理化性状,可用全市范围内同一个土种的平均值作为评价单元赋值。三是对于等值线图,先采用地面高程模型生成栅格图,再与评价单元图叠加后采用分区统计的方法为评价单元赋值。如等高线、积温、降雨等。

(五)农田地力分级方法与标准

根据每个标准农田评价单元各指标权重和生产能力分值,计算出综合地力分值,根据下表地力分等定级综合地力指数方案,即可得出评价单元地力等级状况。若评价单元存在土壤主要障碍因子,降一个等级。台州市农田地力设三等六级,其中,一、二级组成一等地;三、四级组成二等地;五、六级组成三等地。

1.计算地力指数

应用线性加权法,计算每个评价单元的综合地力指数(IFI)。计算公式为:

$$IFI = \Sigma (Fi \times wi) \cdots\cdots (3-1)$$

其中:Σ 为求和运算符;Fi 为单元第 i 个评价因素的分值,wi 为第 i 个评价因素的权重,也即该属性对耕地地力的贡献率。

2. 划分地力等级

应用等距法确定耕地地力综合指数分级方案，将台州市耕地地力等级分为以下六级。见表3-7。

表3-7　台州市耕地地力评价等级划分表

地力等次	地力级次	耕地综合地力指数（IFI）
一等	一级	≥0.9
	二级	0.9～-0.8
二等	三级	0.8～0.7
	四级	0.70～0.6
三等	五级	0.6～0.5
	六级	<0.50

三、农田地力等级图的编制

台州市农田地力等级图按以下步骤进行。

第一步，收集评价需要的信息。主要包括野外调查资料(地形地貌、土壤母质、水文、土层厚度、表层质地、耕地利用现状、灌排条件、作物长势产量、管理措施水平等)、室内分析资料(有机质、全氮、速效氮、全磷、速效磷、速效钾等大量养分分析数据，以及pH值、土壤容重、阳离子交换量和盐分等的分析数据)、社会经济统计资料和相关图件资料(行政区划图、地形图、土壤图、地貌分区图、土地利用现状图等)。

第二步，建立空间数据库和属性数据库。根据评价指标体系，建立相应的评价指标数据库。

第三步应用线性加权法，计算每个评价单元的综合地力指数。应用空间叠加分析，以点代面和区域统计方法计算地力综合指数。

第四步，编制农田地力等级图。应用GIS技术和地统计方法进行进行耕地地力等级的空间插值分析，形成地力等级图。

第三节　耕地地力总体概况

一、耕地地力等级及面积构成

参加本次地力评价的耕地(包括园地；本书中在没有特别说明的情况下，耕地也包括园地)总面积为212 598.33hm²，其中，耕地面积143 637.00hm²，园地面积68 961.33hm²(表3-9)。根据耕地生产性能综合指数值，采用等距法将耕地地力划分为三等六级。一等地(地)是台州市的高产耕地，面积为67 735.07hm²，占耕地总面积的31.9%；二等地(地)属中产耕地，面积为137 982.93hm²，是台州市耕地的主体，占耕地总面积的64.9%；三等地(地)属低产耕地，面积较少，为6 880.33hm²，仅占3.2%。台州市耕地以二等地(地)为主，一等地(地)也有较大的面积，但三等地(地)面积较小，总体上台州市耕地质量较高。

一等、二等和三等耕地依次可分为一级、二级，三级、四级和五级、六级耕地。统计表明(表3-8)，台州市一级地力耕地面积很小，为1 515.53hm²，只占耕地总面积的0.8%；二级地力耕地面积66 219.47hm²，占耕地总面积的31.1%；三级地力耕地面积为83 926.13hm²，占耕地总面积的39.5%；四级地力耕地面积为54 056.80hm²，占耕地总面积的25.4%；五级地面积有

6 707.53hm²，占全县耕地面积的3.1%；六级地面积有172.80hm²，占全县耕地面积的0.1%。可见，台州市的耕地主要有二级、三级和四级组成，耕地地力主要为中高水平。

表3-8 台州市各等面积统计表

等	级	地块总数	所占比例(%)	总面积(hm²)	所占比例(%)
合计		341 406	100	212 598.33	100
一等地		99 875	29.3	67 735.07	31.9
其中	一级	2 983	0.9	1 515.53	0.8
	二级	96 892	28.4	66 219.47	31.1
二等地		230 392	67.5	137 982.93	64.9
其中	三级	132 449	38.8	83 926.13	39.5
	四级	97 943	28.7	54 056.80	25.4
三等地		11 139	3.3	6 880.33	3.2
其中	五级	10 867	3.2	6 707.53	3.1
	六级	272	0.1	172.80	0.1

耕地与园地的平均地力接近(它们的平均地力指数分别为0.744和0.738)，但耕地的一等地比例较高(占38.7%)，园地的二等地比例较高(占78.1%)。它们的三等地比例接近。

表3-9 台州市耕地与园地地力等级组成比较

用地类型	面积(hm²)	占总面积(%)	平均地力指数	一等地				二等地				三等地			
				面积(hm²)	一等地占本类用地(%)	一级地占本类用地(%)	二级地占本类用地(%)	面积(hm²)	二等地占本类用地(%)	三级地占本类用地(%)	四级地占本类用地(%)	面积(hm²)	三等地占本类用地(%)	五级地占本类用地(%)	六级地占本类用地(%)
耕地	143 637.00	67.6	0.744	55 620.67	38.7	0.9	37.8	84 105.33	58.6	36.5	22.0	3 911.00	2.7	2.7	0.1
园地	68 961.33	32.4	0.738	12 114.40	17.6	0.2	17.3	53 877.60	78.1	45.6	32.5	2 969.33	4.3	4.2	0.1
合计	212 598.33			67 735.07	31.9			137 982.93	64.9			6 880.33	3.2		

二、各县（区、市）耕地地力构成

表3-10为全市各县(市、区)各级耕地的分布情况。临海市的耕地面积最大，为52 250.80hm²；其次为温岭市，面积为38 563.47hm²；玉环县的耕地面积最小，只有8 199.93hm²；其他县(市、区)的耕地面积在10 000~30 000hm²。从表中统计数据可知，各县(市、区)平均地力指数在0.690~0.861，有一定的差异；平均地力指数在0.80以上的有路桥区、椒江区，平均地力指数在0.70以下的有天台县和仙居县；其他县(市、区)的平均地力指数在0.7~0.8。相应地，路桥区、椒江区的一等地比例较高，分别为92.0%和79.6%。温岭市的一等耕地比例也较高，达56.3%，而天台县和仙居县的一等耕地比例都在3%以下。除路桥区、椒江区、温岭市处，其他县(市、区)的耕地主要为二等地，它们的二等地比例均在50%以上。除仙居县(三等地比例为12.3%)，其他县(市、区)的三等地比例均在7%以下，有的(椒江区、临海市、路桥区、三门县)不足1%。

从总面积来看，一等地面积在10 000hm²以上的县(市、区)有临海市、路桥区和温岭市，而天台县和仙居县的一等耕地面积不足1 000hm²。二等地总面积最大的是临海市，有39 869.33hm²；

椒江区和路桥区分布的二等地较少，面积不足2 100hm²；玉环县二等地的面积也较小，只有5 039.20hm²；其他县（市、区）的二等地面积在14 000~22 000hm²。县（市、区）三等地的面积普遍较少，在3 100hm²以下，其中椒江区和路桥区无三等地，临海市、三门县和温岭市的三等地的面积不足650hm²。

表3-10还表明，一等耕地主要由二级耕地组成，三等耕地主要由五级耕地组成，但二等地中三级与四级耕地的组成因县（市、区）不同变化有所差别，但多数县的二等地主要由三级耕地组成。

表3-11为面积由高至低排列的各乡镇（街道）各类耕地的组成情况。从中可知，各乡镇（街道）之间耕地面积、地力水平存在较大的差异。

表3-10 台州市耕地分县（市、区）分级汇总表

县（市、区）	地块数	面积(hm²)	占总面积(%)	平均地力指数	一等地 面积(hm²)	一等地占本县(%)	一级地占本县(%)	二级地占本县(%)	二等地 面积(hm²)	二等地占本县(%)	三级地占本县(%)	四级地占本县(%)	三等地 面积(hm²)	三等地占本县(%)	五级地占本县(%)	六级地占本县(%)
黄岩区	32 703	22 616.20	10.6	0.728	6 381.33	28.2	0.1	28.1	14 960.00	66.1	30.5	35.6	1 274.87	5.6	5.6	0.0
椒江区	13 091	10 276.67	4.8	0.827	8 176.80	79.6	1.7	77.8	2 099.80	20.4	19.7	0.7	0.00	0.0	0.0	0.0
临海市	89 264	52 250.80	24.6	0.754	12 044.80	23.1	0.7	22.3	39 869.33	76.3	60.5	15.8	336.67	0.6	0.6	0.0
路桥区	18 244	13 457.80	6.3	0.861	12 383.40	92.0	6.4	85.7	1 074.40	8.0	8.0	0.0	0.00	0.0	0.0	0.0
三门县	21 887	19 083.00	9.0	0.714	3 218.87	16.9	0	16.9	15 757.93	82.6	43.0	39.5	106.27	0.6	0.6	0.0
天台县	48 365	23 326.53	11.0	0.694	637.27	2.7	0	2.7	21 744.40	93.2	45.7	47.6	944.80	4.1	4.1	0.0
温岭市	50 001	38 563.47	18.1	0.777	21 695.13	56.3	0.1	56.2	16 238.87	42.1	29.6	12.5	629.53	1.6	1.6	0.1
仙居县	37 565	24 823.93	11.7	0.690	576.33	2.3	0	2.3	21 199.00	85.4	39.5	45.9	3 048.60	12.3	11.7	0.6
玉环县	30 286	8 199.93	3.9	0.722	2 621.07	32.0	0.6	31.4	5 039.20	61.5	27.4	34.0	539.67	6.6	6.6	0.0
合计	341 406	212 598.33			67 735.07	31.9			137 982.93	64.9			6 880.33	3.2		

表3-11 台州市耕地分乡镇分级汇总表

乡镇	面积(hm²)	平均地力指数	一等地 面积(hm²)	一等地占本镇(%)	一级地占本镇(%)	二级地占本镇(%)	二等地 面积(hm²)	二等地占本镇(%)	三级地占本镇(%)	四级地占本镇(%)	三等地 面积(hm²)	三等地占本镇(%)	五级地占本镇(%)	六级地占本镇(%)
箬横镇	6 890.47	0.831	5 747.40	83.4	0.6	82.8	1 127.20	16.4	13.9	2.5	15.93	0.2	0.2	0.0
白水洋镇	6 579.53	0.728	133.87	2.0	0.0	2.0	6 443.67	97.9	82.7	15.2	2.07	0.0	0.0	0.0
杜桥镇	5 937.93	0.815	2 976.87	50.1	4.0	46.1	2 961.07	49.9	46.1	3.8	0.00	0.0	0.0	0.0
桃渚镇	5 101.40	0.835	4 208.27	82.5	2.2	80.3	893.13	17.5	17.5	0.0	0.00	0.0	0.0	0.0
平桥镇	4 381.00	0.703	370.53	8.5	0	8.5	3 777.33	86.2	47.5	38.7	233.13	5.3	5.3	0.0
涌泉镇	4 343.40	0.790	1 389.40	32.0	0.0	32.0	2 954.00	68.0	66.7	1.4	0.00	0.0	0.0	0.0
新河镇	4 342.80	0.838	3 923.73	90.4	0	90.4	407.60	9.4	7.6	1.8	11.47	0.3	0.3	0.0
大溪镇	4 318.73	0.732	1 237.47	28.7	0	28.7	3 013.80	69.8	46.2	23.6	67.47	1.6	1.6	0.0
院桥镇	4 075.40	0.804	2 298.93	56.4	0	56.4	1 776.47	43.6	41.9	1.7	0.00	0.0	0.0	0.0
滨海镇	4 064.53	0.845	3 485.13	85.7	0	85.7	579.40	14.3	14.3	0.0	0.00	0.0	0.0	0.0
松门镇	3 740.73	0.786	1 580.47	42.2	0	42.2	1 943.93	52.0	46.8	5.2	216.40	5.8	5.8	0.0
金清镇	3 698.13	0.851	3 261.60	88.2	3.1	85.1	436.53	11.8	11.8	0.0	0.00	0.0	0.0	0.0
永丰镇	3 398.13	0.704	40.33	1.2	0	1.2	3 299.20	97.1	57.4	39.7	58.60	1.7	1.7	0.0
泽国镇	3 345.87	0.829	2 942.33	87.9	0	87.9	403.53	12.1	12.0	0.0	0.00	0.0	0.0	0.0

（续表）

乡镇	面积 (hm²)	平均地力指数	一等地 面积 (hm²)	一等地占本镇 (%)	一级地占本镇 (%)	二级地占本镇 (%)	二等地 面积 (hm²)	二等地占本镇 (%)	三级地占本镇 (%)	四级地占本镇 (%)	三等地 面积 (hm²)	三等地占本镇 (%)	五级地占本镇 (%)	六级地占本镇 (%)
东塍镇	3 265.07	0.729	16.40	0.5	0.0	0.5	3 248.67	99.5	88.5	11.0	0.00	0.0	0.0	0.0
城南镇	3 160.20	0.707	413.00	13.1	0.0	13.1	2 523.67	79.9	42.2	37.7	223.53	7.1	7.1	0.0
沿江镇	3 136.93	0.802	1 593.67	50.8	0.0	50.8	1 543.20	49.2	48.1	1.1	0.00	0.0	0.0	0.0
章安街道	3 047.60	0.821	2 566.87	84.2	0.2	84.1	480.73	15.8	15.8	0.0	0.00	0.0	0.0	0.0
蓬街镇	2 865.60	0.859	2 620.13	91.4	7.5	84.0	245.47	8.6	8.6	0.0	0.00	0.0	0.0	0.0
白鹤镇	2 843.87	0.673	30.73	1.1	0.0	1.1	2 577.20	90.6	38.8	51.8	235.93	8.3	8.3	0.0
小芝镇	2 786.07	0.729	7.53	0.3	0.0	0.3	2 776.40	99.7	78.8	20.9	2.13	0.1	0.1	0.0
温峤镇	2 753.80	0.722	533.87	19.4	0.0	19.4	2 202.60	80.0	55.8	24.1	17.33	0.6	0.6	0.0
下各镇	2 753.40	0.679	0.00	0.0	0.0	0.0	2 424.07	88.0	39.2	48.9	329.33	12.0	12.0	0.0
横溪镇	2 740.87	0.719	159.20	5.8	0.0	5.8	2 402.80	87.7	52.0	35.6	178.87	6.5	6.5	0.0
亭旁镇	2 715.73	0.662	0.00	0.0	0.0	0.0	2 714.33	99.9	1.9	98.1	1.40	0.1	0.1	0.0
邵家渡街道	2 682.13	0.743	130.40	4.9	0.0	4.9	2 551.80	95.1	84.0	11.2	0.00	0.0	0.0	0.0
河头镇	2 504.80	0.698	2.53	0.1	0.0	0.1	2 283.60	91.2	42.7	48.5	218.67	8.7	8.7	0.0
括苍镇	2 414.47	0.689	0.00	0.0	0.0	0.0	2 360.53	97.8	35.8	62.0	53.93	2.2	2.2	0.0
浬浦镇	2 379.80	0.751	486.87	20.5	0.0	20.5	1 892.93	79.5	66.0	13.6	0.00	0.0	0.0	0.0
六敖镇	2 225.27	0.798	1 212.73	54.5	0.0	54.5	1 012.60	45.5	44.9	0.6	0.00	0.0	0.0	0.0
街头镇	2 125.80	0.699	57.13	2.7	0.0	2.7	1 984.20	93.3	46.6	46.7	84.47	4.0	4.0	0.0
头陀镇	2 037.87	0.720	70.27	3.4	0.0	3.4	1 967.60	96.6	75.4	21.1	0.00	0.0	0.0	0.0
白塔镇	1 975.27	0.732	310.33	15.7	0.0	15.7	1 595.87	80.8	46.6	34.2	69.13	3.5	3.5	0.0
上盘镇	1 954.93	0.811	936.47	47.9	0.9	47.0	1 018.47	52.1	50.3	1.8	0.00	0.0	0.0	0.0
雷峰乡	1 937.87	0.688	0.00	0.0	0.0	0.0	1 935.07	99.9	51.9	47.9	2.87	0.1	0.1	0.0
桐屿街道	1 936.07	0.863	1 936.00	100.0	4.3	95.7	0.07	0.0	0.0	0.0	0.00	0.0	0.0	0.0
三甲街道	1 842.07	0.811	1 279.27	69.4	0.0	69.4	562.80	30.6	28.8	1.8	0.00	0.0	0.0	0.0
福应街道	1 835.80	0.672	17.07	0.9	0.0	0.9	1 624.27	88.5	36.9	51.6	194.47	10.6	10.5	0.1
泗淋乡	1 656.80	0.808	883.20	53.3	0.0	53.3	773.53	46.7	45.8	0.9	0.00	0.0	0.0	0.0
尤溪镇	1 645.13	0.711	2.40	0.1	0.0	0.1	1 642.80	99.9	78.8	21.0	0.00	0.0	0.0	0.0
坦头镇	1 605.87	0.681	15.47	1.0	0.0	1.0	1 354.93	84.4	37.5	46.9	235.47	14.7	14.7	0.0
清港镇	1 590.67	0.734	366.67	23.1	0.0	23.1	1 069.87	67.3	23.3	44.0	154.13	9.7	9.7	0.0
朱溪镇	1 590.13	0.706	0.00	0.0	0.0	0.0	1 552.00	97.6	49.1	48.5	38.07	2.4	2.4	0.0
沿赤乡	1 558.80	0.746	116.60	7.5	0.0	7.5	1 442.20	92.5	83.7	8.9	0.00	0.0	0.0	0.0
花桥镇	1 521.53	0.653	11.53	0.8	0.0	0.8	1 429.73	94.0	21.9	72.1	80.27	5.3	5.3	0.0
北洋镇	1 515.80	0.676	0.00	0.0	0.0	0.0	1 462.53	96.5	27.7	68.8	53.20	3.5	3.5	0.0
健跳镇	1 459.33	0.760	420.13	28.8	0.0	28.8	1 039.20	71.2	63.8	7.4	0.00	0.0	0.0	0.0
上垟乡	1 452.80	0.657	0.00	0.0	0.0	0.0	1 385.07	95.3	5.3	90.1	67.80	4.7	4.7	0.0
宁溪镇	1 426.20	0.670	0.00	0.0	0.0	0.0	1 424.67	99.9	12.0	87.9	1.53	0.1	0.1	0.0
石梁镇	1 424.00	0.681	0.00	0.0	0.0	0.0	1 340.27	94.1	34.7	59.5	83.73	5.9	5.9	0.0
屿头乡	1 392.60	0.618	0.00	0.0	0.0	0.0	1 098.20	78.9	5.3	73.5	294.47	21.1	21.1	0.0
小雄镇	1 368.73	0.718	50.73	3.7	0.0	3.7	1 318.07	96.3	63.5	32.8	0.00	0.0	0.0	0.0
汛桥镇	1 338.27	0.774	450.20	33.6	0.0	33.6	888.07	66.4	63.2	3.1	0.00	0.0	0.0	0.0

（续表）

乡镇	面积(hm²)	平均地力指数	一等地				二等地				三等地			
			面积(hm²)	一等地占本镇(%)	一级地占本镇(%)	二级地占本镇(%)	面积(hm²)	二等地占本镇(%)	三级地占本镇(%)	四级地占本镇(%)	面积(hm²)	三等地占本镇(%)	五级地占本镇(%)	六级地占本镇(%)
坞根镇	1 332.47	0.727	259.93	19.5	0.0	19.5	1 068.00	80.2	57.6	22.5	4.53	0.3	0.3	0.0
田市镇	1 330.00	0.678	0.00	0.0	0.0	0.0	1 301.60	97.9	26.9	71.0	28.40	2.1	2.1	0.0
湫山乡	1 319.33	0.703	24.80	1.9	0.0	1.9	1 250.27	94.8	57.0	37.7	44.27	3.4	3.4	0.0
横渡镇	1 309.33	0.691	0.00	0.0	0.0	0.0	1 309.33	100.0	41.4	58.6	0.00	0.0	0.0	0.0
大田街道	1 286.67	0.753	69.80	5.4	0.0	5.4	1 216.87	94.6	86.9	7.7	0.00	0.0	0.0	0.0
大麦屿街道	1 286.53	0.666	244.80	19.0	0.0	19.0	806.27	62.7	24.1	38.6	235.47	18.3	18.3	0.0
玉城街道	1 278.13	0.739	503.40	39.4	0.8	38.6	754.47	59.0	39.1	19.9	20.27	1.6	1.6	0.0
澄江街道	1 274.33	0.782	430.53	33.8	0.0	33.8	843.80	66.2	65.0	1.3	0.00	0.0	0.0	0.0
新前街道	1 248.67	0.803	980.67	78.5	0.0	78.5	268.00	21.5	13.7	7.7	0.00	0.0	0.0	0.0
江南街道	1 244.87	0.731	47.47	3.8	0.0	3.8	1 197.20	96.2	82.4	13.8	0.20	0.1	0.1	0.0
前所街道	1 244.73	0.826	915.93	73.6	0.0	73.6	328.80	26.4	26.4	0.0	0.00	0.0	0.0	0.0
三合镇	1 239.07	0.714	21.60	1.7	0.0	1.7	1 216.20	98.2	66.3	31.9	1.33	0.1	0.1	0.0
广度乡	1 209.13	0.677	0.00	0.0	0.0	0.0	1 053.40	87.1	24.3	62.8	155.73	12.9	12.9	0.0
石桥头镇	1 207.93	0.755	587.60	48.6	0.0	48.6	609.27	50.4	28.6	21.9	11.07	0.9	0.9	0.0
葭芷街道	1 204.13	0.855	1 189.33	98.8	12.1	86.7	14.80	1.2	1.2	0.0	0.00	0.0	0.0	0.0
始丰街道	1 191.80	0.705	41.13	3.5	0.0	3.5	1 130.93	94.9	51.6	43.3	19.73	1.7	1.7	0.0
洪家街道	1 185.93	0.827	1 036.47	87.4	0.0	87.4	149.47	12.6	12.6	0.0	0.00	0.0	0.0	0.0
平田乡	1 161.87	0.604	0.00	0.0	0.0	0.0	718.67	61.9	0.4	61.5	443.20	38.1	38.1	0.0
沙埠镇	1 159.40	0.680	0.00	0.0	0.0	0.0	1 159.40	100.0	20.0	80.0	0.00	0.0	0.0	0.0
南屏乡	1 137.93	0.668	0.00	0.0	0.0	0.0	1 137.93	100.0	19.5	80.5	0.00	0.0	0.0	0.0
步路乡	1 108.73	0.649	0.80	0.1	0.0	0.1	802.33	72.4	43.1	29.3	305.60	27.6	21.7	5.9
龙溪乡	1 107.73	0.708	166.67	15.0	0.0	15.0	884.80	79.9	35.2	44.7	56.20	5.1	5.1	0.0
峰江街道	1 106.87	0.872	1 106.87	100.0	8.9	91.1	0.00				0.00			
古城街道	1 070.60	0.722	7.00	0.7	0.0	0.7	1 062.53	99.2	63.8	35.4	1.13	0.1	0.1	0.0
福溪街道	1 064.20	0.720	71.27	6.7	0.0	6.7	992.87	93.3	53.6	39.7	0.07	0.0	0.0	0.0
官路镇	1 054.27	0.680	0.00	0.0	0.0	0.0	883.20	83.8	45.6	38.2	171.07	16.2	16.0	0.2
大战乡	1 036.47	0.656	1.13	0.1	0.0	0.1	834.00	80.5	15.1	65.4	201.33	19.4	19.4	0.0
城东街道	1 029.87	0.775	381.67	37.1	0.0	37.1	647.20	62.8	54.5	8.3	1.00	0.1	0.1	0.0
上张乡	1 029.07	0.705	0.00	0.0	0.0	0.0	1 002.20	97.4	61.0	36.4	26.87	2.6	2.6	0.0
江口街道	1 006.40	0.813	612.40	60.8	0.6	60.2	394.00	39.2	39.2	0.0	0.00	0.0	0.0	0.0
海游镇	998.80	0.685	20.07	2.0	0.0	2.0	978.80	98.0	25.4	72.6	0.00	0.0	0.0	0.0
下陈街道	998.07	0.852	891.87	89.4	2.6	86.7	106.27	10.6	10.6	0.0	0.00	0.0	0.0	0.0
蟠滩乡	959.67	0.685	0.00	0.0	0.0	0.0	799.47	83.3	42.5	40.8	160.20	16.7	16.3	0.4
高桥街道	952.13	0.798	571.73	60.1	0.0	60.0	380.33	39.9	33.8	6.1	0.00	0.0	0.0	0.0
三州乡	947.40	0.744	14.73	1.6	0.0	1.6	932.67	98.4	84.8	13.7	0.00	0.0	0.0	0.0
螺洋街道	930.53	0.868	930.33	100.0	10.2	89.8	0.13	0.0	0.0	0.0	0.00	0.0	0.0	0.0
赤城街道	877.13	0.685	0.00	0.0	0.0	0.0	866.33	98.8	39.9	58.8	10.80	1.2	1.2	0.0
汇溪镇	876.13	0.703	1.93	0.2	0.0	0.2	874.20	99.8	65.6	34.2	0.00	0.0	0.0	0.0
埠头镇	875.47	0.738	56.33	6.4	0.0	6.4	814.73	93.1	75.4	17.7	4.47	0.5	0.5	0.0

（续表）

乡镇	面积(hm²)	平均地力指数	一等地				二等地				三等地			
			面积(hm²)	一等地占本镇(%)	一级地占本镇(%)	二级地占本镇(%)	面积(hm²)	二等地占本镇(%)	三级地占本镇(%)	四级地占本镇(%)	面积(hm²)	三等地占本镇(%)	五级地占本镇(%)	六级地占本镇(%)
楚门镇	868.73	0.727	345.33	39.7	0.0	39.7	517.80	59.6	31.0	28.6	5.60	0.6	0.6	0.0
泳溪乡	827.93	0.662	0.00	0.0	0.0	0.0	808.60	97.7	18.8	78.9	19.40	2.3	2.3	0.0
上郑乡	777.87	0.607	0.00	0.0	0.0	0.0	491.33	63.2	0.0	63.2	286.53	36.8	36.8	0.0
横街镇	767.40	0.877	767.40	100.0	21.7	78.3	0.00	0.0	0.0	0.0	0.00	0.0	0.0	0.0
安岭乡	766.73	0.599	0.00	0.0	0.0	0.0	0.00	49.4	0.0	49.4	387.87	50.6	49.7	0.9
横峰街道	757.33	0.797	221.47	29.2	0.0	29.2	507.20	67.0	15.3	51.7	28.60	3.8	0.0	3.8
新桥镇	747.27	0.876	747.27	100.0	7.6	92.4	0.00	0.0	0.0	0.0	0.00	0.0	0.0	0.0
双庙乡	739.53	0.620	1.87	0.3	0.0	0.3	446.33	60.3	10.7	49.7	291.33	39.4	30.9	8.5
路南街道	720.60	0.871	720.60	100.0	3.8	96.2	0.00	0.0	0.0	0.0	0.00	0.0	0.0	0.0
富山乡	712.07	0.626	0.00	0.0	0.0	0.0	592.93	83.3	0.0	83.3	119.13	16.7	16.7	0.0
沙门镇	702.00	0.786	543.20	77.4	4.5	72.9	154.47	22.0	2.7	19.3	4.33	0.6	0.6	0.0
南峰街道	698.27	0.680	4.80	0.7	0.0	0.7	607.60	87.0	39.8	47.2	85.87	12.3	12.2	0.1
大洋街道	684.33	0.710	30.27	4.4	0.0	4.4	654.07	95.6	54.5	41.1	0.00	0.0	0.0	0.0
溪港乡	643.00	0.622	0.00	0.0	0.0	0.0	410.80	63.9	1.5	62.4	232.20	36.1	36.1	0.0
珠岙镇	623.73	0.639	0.00	0.0	0.0	0.0	599.13	96.1	0.0	96.0	24.60	3.9	3.9	0.0
南城街道	621.87	0.832	448.47	72.1	0.9	71.2	173.40	27.9	27.9	0.0	0.00	0.0	0.0	0.0
淡竹乡	618.07	0.696	0.00	0.0	0.0	0.0	616.47	99.7	34.7	65.1	1.53	0.3	0.3	0.0
干江镇	617.93	0.709	55.40	9.0	0.0	8.9	526.87	85.3	58.3	27.0	35.60	5.8	5.8	0.0
北城街道	601.40	0.796	307.13	51.1	0.0	51.1	294.33	48.9	48.9	0.0	0.00	0.0	0.0	0.0
县直属	575.07	0.716	0.00	0.0	0.0	0.0	575.07	100.0	46.4	53.6	0.00	0.0	0.0	0.0
城北街道	551.60	0.801	291.53	52.9	0.0	52.9	260.07	47.1	45.7	1.5	0.00	0.0	0.0	0.0
安洲街道	540.67	0.655	0.00	0.0	0.0	0.0	398.67	73.7	25.0	48.8	142.00	26.3	26.3	0.0
洪畴镇	529.20	0.717	1.67	0.3	0.0	0.3	527.47	99.7	69.9	29.7	0.00	0.0	0.0	0.0
高枧乡	523.47	0.682	0.00	0.0	0.0	0.0	523.47	100.0	27.7	72.3	0.00	0.0	0.0	0.0
西城街道	515.73	0.845	493.47	95.7	3.1	92.6	22.33	4.3	4.3	0.0	0.00	0.0	0.0	0.0
茅畲乡	503.07	0.717	0.00	0.0	0.0	0.0	494.07	98.2	90.8	7.4	9.00	1.8	1.8	0.0
芦浦镇	493.13	0.771	297.00	60.2	0.7	59.5	193.33	39.2	21.2	18.0	2.87	0.6	0.6	0.0
沙柳镇	487.93	0.704	9.20	1.9	0.0	1.9	478.73	98.1	54.0	44.1	0.00	0.0	0.0	0.0
城西街道	478.87	0.743	82.33	17.2	0.0	17.2	386.93	80.8	62.0	18.8	9.60	2.0	2.0	0.0
开发区	451.13	0.607	0.00	0.0	0.0	0.0	451.13	100.0	0.0	100.0	0.00	0.0	0.0	0.0
台州市农垦场	399.93	0.756	7.80	1.9	0.0	1.9	392.20	98.1	98.1	0.0	0.00	0.0	0.0	0.0
太平街道	361.47	0.655	1.33	0.4	0.0	0.4	353.73	97.9	12.6	85.3	6.40	1.8	1.8	0.0
椒江农场	294.67	0.752	15.67	5.3	0.0	5.3	278.93	94.7	80.9	13.8	0.00	0.0	0.0	0.0
海门街道	255.67	0.820	221.27	86.5	0.0	86.5	34.40	13.5	13.5	0.0	0.00	0.0	0.0	0.0
蛇蟠乡	253.80	0.741	7.93	3.1	0.0	3.1	245.93	96.9	74.4	22.5	0.00	0.0	0.0	0.0
路北街道	237.53	0.860	237.53	100.0	0.0	100.0	0.00	0.0	0.0	0.0	0.00	0.0	0.0	0.0
石塘镇	226.80	0.698	5.87	2.6	0.0	2.6	204.73	90.3	60.1	30.2	16.20	7.1	7.1	0.0
海山乡	195.73	0.784	110.27	56.3	0.0	56.3	83.60	42.7	40.4	2.4	1.87	0.9	0.9	0.0
东城街道	180.60	0.829	167.67	92.9	0.0	92.8	12.87	7.1	7.1	0.0	0.00	0.0	0.0	0.0

乡镇	面积(hm²)	平均地力指数	一等地 面积(hm²)	一等地占本镇(%)	一级地占本镇(%)	二级地占本镇(%)	二等地 面积(hm²)	二等地占本镇(%)	三级地占本镇(%)	四级地占本镇(%)	三等地 面积(hm²)	三等地占本镇(%)	五级地占本镇(%)	六级地占本镇(%)
十塘	139.87	0.778	0.00	0.0	0.0	0.0	139.87	100.0	100.0	0.0	0.00	0.0	0.0	0.0
坎门街道	78.60	0.621	0.00	0.0	0.0	0.0	48.53	61.7	31.5	30.2	30.07	38.3	38.3	0.0
鸡山乡	75.00	0.615	0.00	0.0	0.0	0.0	64.67	86.2	0.0	86.2	10.40	13.8	13.8	0.0
国营场站	70.33	0.673	0.00	0.0	0.0	0.0	69.53	98.9	27.3	71.6	0.80	1.1	1.1	0.0
白云街道	63.80	0.826	60.13	94.3	0.0	94.3	3.60	5.7	5.7	0.0	0.00	0.0	0.0	0.0
路桥街道	47.87	0.878	47.87	100.0	0.0	100.0	0.00	0.0	0.0	0.0	0.00	0.0	0.0	0.0
海涂	2.60	0.730	1.20	44.9	0.0	44.9	1.47	55.1	0.0	55.1	0.00	0.0	0.0	0.0
合计	212 598.33		67 735.07	31.9			137 982.93	64.9			6 880.33	3.2		

三、各级耕地土壤类型构成

表3-12至3-15为台州市各级耕地的土类、亚类、土属和土种构成情况。台州市的耕地中，面积最大的土类为水稻土，为104 130.00hm²，占全部耕地面积的49.0%。其次为红壤，面积为67 303.53hm²，占全部耕地面积的31.7%。潮土和滨海盐土的面积也较大，分别有18 609.13hm²和10 160.47hm²，占全部耕地面积的8.8%和4.8%。其他土类的耕地面积较小，其中基性岩土的面积不足60hm²。

一等耕地主要由水稻土、红壤和潮土构成；二等耕地主要由红壤和水稻土构成；三等耕地主要由红壤、水稻土和潮土构成。不同土类上的耕地质量有较大的差异。从平均地力指数来看，水稻土和滨海盐土最高，平均分别为0.772和0.775；黄壤和基性岩土最低，平均分别为0.664和0.660。

台州市的耕地中，面积在20 000hm²以上的亚类有渗育水稻土、潴育水稻土、黄红壤、红壤性土，面积分别为39 685.20hm²、37 125.20hm²、31 385.40hm²和21 148.80hm²，分别占全部耕地面积的18.7%、17.5%、14.8%和9.9%。面积在10 000~20 000hm²的亚类有脱潜水稻土、灰潮土和红壤，面积分别为18 922.40hm²、18 609.13hm²和13 944.27hm²，分别占全部耕地面积的8.9%、8.8%和6.6%。不同亚类的耕地质量有较大的差异，地力指数在0.660~0.819，多数亚类的地力指数在0.70以上。其中，脱潜水稻土、渗育水稻土和滨海盐土为最高，它们的平均地力指数在0.78以上。

耕地面积最大的2个土属为黄泥土和淡涂泥田，它们分别占全部耕地面积的10%以上，面积分别为28 615.93hm²和28 355.87hm²。红粉泥土、青紫泥田和红泥土等3个土属各占耕地总面积的5%~10%，面积分别为21 148.80hm²、18 922.40hm²和11 874.53hm²。不同土属的耕地质量有较大的差异，地力指数在0.660~0.876。

耕地面积最大的土种为淡涂泥田，其占全部耕地面积的10%以上，面积为20 255.73hm²。黄泥土、青紫泥田和红粉泥土等3个土种各占耕地总面积的5%~10%，面积分别为12 207.47hm²、11 946.13hm²和9 148.33hm²。不同土种之间的地力指数在0.612~0.876变化。

表3-12　各级耕地的土类构成

土类	面积(hm²)	占总面积(%)	平均地力指数	一等地 面积(hm²)	一等地占本土类(%)	一级地占本土类(%)	二级地占本土类(%)	二等地 面积(hm²)	二等地占本土类(%)	三级地占本土类(%)	四级地占本土类(%)	三等地 面积(hm²)	三等地占本土类(%)	五级地占本土类(%)	六级地占本土类(%)
水稻土	104 130.00	49.0	0.772	50 695.87	48.7	1.4	47.3	51 512.33	49.5	32.3	17.1	1 921.87	1.8	1.8	0.0
红壤	67 303.53	31.7	0.698	6 654.33	9.9	0.1	9.8	57 605.47	85.6	46.9	38.7	3 043.73	4.5	4.4	0.1
潮土	18 609.13	8.8	0.745	6 624.67	35.6	0.2	35.4	11 346.13	61.0	42.8	18.2	638.33	3.4	3.3	0.1
滨海盐土	10 160.47	4.8	0.775	3 004.87	29.6	0	29.5	6 822.53	67.1	54.9	12.2	333.07	3.3	3.3	0.0
粗骨土	7 141.60	3.4	0.698	687.07	9.6	0.1	9.5	5 874.47	82.3	45.1	37.2	580.07	8.1	8.1	0.0
黄壤	3 163.73	1.5	0.664	0.00	0.0	0.0	0.0	2 915.07	92.1	25.0	67.1	248.67	7.9	7.9	0.0
紫色土	2 036.00	1.0	0.706	68.20	3.4	0	3.4	1 853.20	91.0	56.1	34.9	114.60	5.6	5.6	0.0
基性岩土	53.80	0.0	0.660	0.00	0.0	0.0	0.0	53.80	100	4.2	95.8	0	0.0	0.0	0.0
合计	212 598.33			67 735.07	31.9			137 982.93	64.90			6 880.33	3.2		

表3-13　各级耕地的土壤亚类构成

亚类	面积(hm²)	占总面积(%)	平均地力指数	一等地 面积(hm²)	一等地占本亚类(%)	一级地占本亚类(%)	二级地占本亚类(%)	二等地 面积(hm²)	二等地占本亚类(%)	三级地占本亚类(%)	四级地占本亚类(%)	三等地 面积(hm²)	三等地占本亚类(%)	五级地占本亚类(%)	六级地占本亚类(%)
渗育水稻土	39 685.20	18.7	0.793	24 689.47	62.2	2.1	60.1	14 749.33	37.2	28.5	8.6	246.40	0.6	0.6	0.0
潴育水稻土	37 125.20	17.5	0.740	11 281.07	30.4	0.9	29.4	24 791.73	66.8	38.9	27.9	1 052.47	2.8	2.7	0.1
黄红壤	31 385.40	14.8	0.695	2 472.87	7.9	0.0	7.8	27 067.33	86.2	45.3	40.9	1 845.20	5.9	5.6	0.2
红壤性土	21 148.80	9.9	0.709	2 305.20	10.9	0.1	10.8	18 209.53	86.1	52.1	34.0	634.07	3.0	2.9	0.1
脱潜水稻土	18 922.40	8.9	0.819	13 515.60	71.4	1.3	70.1	5 406.13	28.6	26.2	2.4	0.67	0.0	0.0	0.0
灰潮土	18 609.13	8.8	0.745	6 624.67	35.6	0.2	35.4	11 346.13	61.0	42.8	18.2	638.33	3.4	3.3	0.1
红壤	13 944.27	6.6	0.691	1 772.87	12.7	0.1	12.6	11 610.13	83.3	42.0	41.2	561.20	4.0	4.0	0.0
滨海盐土	8 248.67	3.9	0.783	2 838.73	34.4	0	34.4	5 215.60	63.2	58.3	5.0	194.33	2.4	2.4	0.0
淹育水稻土	7 854.73	3.7	0.721	1 126.87	14.3	0.2	14.2	6 142.20	78.2	35.3	42.9	585.73	7.5	7.4	0.1
酸性粗骨土	7 141.60	3.4	0.698	687.07	9.6	0.1	9.5	5 874.47	82.3	45.1	37.2	580.07	8.1	8.1	0.0
黄壤	3 163.73	1.5	0.664	0.00	0.0	0.0	0.0	2 915.07	92.1	25.0	67.1	248.67	7.9	7.9	0.0
石灰性紫色土	2 036.00	1.0	0.706	68.20	3.4	0.0	3.4	1 853.20	91.0	56.1	34.9	114.60	5.6	5.6	0.0
潮滩盐土	1 911.80	0.9	0.718	166.13	8.7	0.2	8.5	1 606.93	84.1	40.6	43.5	138.73	7.3	7.3	0.0
饱和红壤	825.07	0.4	0.710	103.40	12.5	0.0	12.5	718.47	87.1	51.5	35.6	3.20	0.4	0.4	0.0
潜育水稻土	542.53	0.3	0.719	82.80	15.3	0.1	15.2	423.00	78.0	37.6	40.4	36.67	6.8	6.8	0.0
基性岩土	53.80	0.0	0.660	0.00	0.0	0.0	0.0	53.80	100	4.2	95.8	0.00	0.0	0.0	0.0
合计	212 598.33			67 735.07	31.9			137 982.93	64.9			6 880.33	3.2		

表3-14 各级耕地的土属构成

土属	面积(hm²)	占总面积(%)	平均地力指数	一等地 面积(hm²)	一等地占本土属(%)	一级地占本土属(%)	二级地占本土属(%)	二等地 面积(hm²)	二等地占本土属(%)	三级地占本土属(%)	四级地占本土属(%)	三等地 面积(hm²)	三等地占本土属(%)	五级地占本土属(%)	六级地占本土属(%)
黄泥土	28 615.93	13.5	0.696	2 242.47	7.8	0.0	7.8	24 709.33	86.3	45.9	40.5	1 664.13	5.8	5.6	0.0
淡涂泥田	28 355.87	13.3	0.831	23 477.47	82.8	2.9	79.9	4 875.13	17.2	16.4	0.8	3.20	0.0	0.0	0.0
红粉泥土	21 148.80	9.9	0.709	2 305.20	10.9	0.1	10.8	18 209.53	86.1	52.1	34	634.07	3.0	2.9	0.1
青紫泥田	18 922.40	8.9	0.819	13 515.60	71.4	1.3	70.1	5 406.13	28.6	26.2	2.4	0.67	0.0	0.0	0.0
红泥土	11 874.53	5.6	0.693	1 635.13	13.8	0.1	13.7	9 891.87	83.3	43.0	40.3	347.53	2.9	2.9	0.0
黄斑田	10 210.13	4.8	0.848	9 354.27	91.6	3.4	88.3	855.87	8.4	8.2	0.1	0.07	0.0	0.0	0.0
老黄筋泥田	9 381.33	4.4	0.718	526.47	5.6	0.0	5.6	8 583.20	91.5	60.6	30.9	271.73	2.9	2.9	0.0
淡涂泥	8 520.00	4	0.796	4 770.73	56	0.1	55.9	3 749.33	44	42.0	2.0	0.00	0.0	0.0	0.0
洪积泥砂田	8 172.00	3.8	0.710	740.93	9.1	0.0	9.1	7 093.07	86.8	47.1	39.7	338.00	4.1	3.9	0.2
黄泥砂田	7 603.60	3.6	0.697	361.07	4.7	0.0	4.7	6 903.73	90.8	44	46.8	338.87	4.5	4.3	0.0
咸泥	7 284.20	3.4	0.781	2 462.87	33.8	0.0	33.8	4 821.13	66.2	60.6	5.6	0.20	0.0	0.0	0.1
泥砂田	6 603.53	3.1	0.716	411.80	6.2	0.0	6.2	6 006.13	91.0	54.0	36.9	185.60	2.8	2.7	0.3
石砂土	6 171.93	2.9	0.698	615.40	10.0	0.1	9.9	5 006.87	81.1	46.4	34.7	549.60	8.9	8.9	0.0
洪积泥砂土	6 035.53	2.8	0.710	486.73	8.1	0.2	7.9	5 096.20	84.4	46.6	37.8	452.60	7.5	7.1	0.0
培泥砂田	4 725.80	2.2	0.737	800.20	16.9	0.0	16.9	3 868.07	81.8	66.0	15.9	57.53	1.2	1.2	0.0
黄泥田	4 085.87	1.9	0.681	26.07	0.6	0.0	0.6	3 646.20	89.2	34.9	54.3	413.60	10.1	10.1	0.1
山黄泥土	3 012.87	1.4	0.666	0.00	0.0	0.0	0.0	2 793.73	92.7	26.3	66.5	219.13	7.3	7.3	0.0
红黏泥	1 937.53	0.9	0.676	135.80	7.0	0.0	7.0	1 588.07	82.0	34.0	47.9	213.67	11.0	10.9	0.0
滩涂泥	1 911.80	0.9	0.718	166.13	8.7	0.2	8.5	1 606.93	84.1	40.6	43.5	138.73	7.3	7.3	0.2
江涂泥	1 576.73	0.7	0.810	1 068.27	67.8	0.6	67.2	508.47	32.2	30.5	1.7	0.00			0.4
红泥田	1 392.93	0.7	0.661	12.47	0.9	0.0	0.9	1 234.73	88.6	21.7	66.9	145.80	10.5	10.2	0.0
亚黄筋泥	1 311.20	0.6	0.695	185.87	14.2	0.3	13.9	1 113.27	84.9	40.7	44.2	12.07	0.9	0.9	0.0
红紫砂土	1 235.20	0.6	0.698	44.60	3.6	0.0	3.6	1 087.80	88.1	50.3	37.7	102.87	8.3	8.3	0.0
培泥砂土	1 193.20	0.6	0.722	161.07	13.5	0.0	13.5	947.07	79.4	49.5	29.9	85.13	7.1	7.1	0.2
涂泥田	1 017.27	0.5	0.779	287.00	28.2	0.0	28.2	730.13	71.8	69.1	2.7	0.13	0.0	0.0	0.0
江涂泥田	966.00	0.5	0.84	752.33	77.9	1.4	76.4	213.67	22.1	20.8	1.3	0.00	0.0	0.0	0.3
涂泥	964.47	0.5	0.799	375.87	39	0.0	39.0	394.47	40.9	40.7	0.2	194.13	20.1	20.1	0.0
泥质田	928.87	0.4	0.699	47.13	5.1	0.0	5.1	797.60	85.9	41.7	44.2	84.13	9.1	9.1	0.0
砂黏质黄泥	905.93	0.4	0.664	36.60	4.0	0.0	4.0	737.33	81.4	26.6	54.8	132.00	14.6	14.6	0.0

（续表）

土属	面积(hm²)	占总面积(%)	平均地力指数	一等地 面积(hm²)	一等地占本土属(%)	一级地占本土属(%)	二级地占本土属(%)	二等地 面积(hm²)	二等地占本土属(%)	三级地占本土属(%)	四级地占本土属(%)	三等地 面积(hm²)	三等地占本土属(%)	五级地占本土属(%)	六级地占本土属(%)
红砂土	901.80	0.4	0.704	71.67	7.9	0.0	7.9	800.27	88.7	37.1	51.7	29.87	3.3	3.3	0.0
棕红泥	825.07	0.4	0.710	103.40	12.5	0.0	12.5	718.47	87.1	51.5	35.6	3.20	0.4	0.4	0.0
紫砂土	800.80	0.4	0.718	23.60	3.0	0.0	3.0	765.40	95.6	65	30.5	11.73	1.5	1.5	0.0
清水砂	667.60	0.3	0.704	0.40	0.1	0.0	0.1	624.67	93.6	49.5	44.1	42.47	6.4	6.4	0.0
红紫泥砂田	530.73	0.2	0.696	11.53	2.2	0.0	2.2	499.47	94.1	49.2	44.9	19.67	3.7	3.7	0.2
黄红泥土	515.67	0.2	0.708	7.93	1.5	0.0	1.5	470.80	91.3	62.6	28.7	37.00	7.2	7.2	0.7
泥砂土	467.27	0.2	0.679	24.40	5.2	0.0	5.2	384.73	82.3	31	51.4	58.13	12.4	11.8	0.0
烂浸田	412.13	0.2	0.723	69.87	16.9	0.1	16.8	325.87	79.1	36.7	42.3	16.47	4.0	4.0	0.0
粉泥田	298.53	0.1	0.819	239.73	80.3	0.2	80.1	58.87	19.7	19.7	0.0	0.00	0.0	0.0	0.0
红砂田	143.40	0.1	0.703	6.47	4.5	0.0	4.5	117.33	81.8	36.2	45.6	19.60	13.7	13.7	0.0
黄筋泥	132.13	0.1	0.729	1.93	1.4	0.0	1.4	130.27	98.6	70.5	28.0	0.00	0.0	0.0	0.0
酸性紫泥田	120.20	0.1	0.658	0.00	0.0	0.0	0.0	113.60	94.5	21.3	73.2	6.60	5.5	5.5	0.0
烂泥田	106.33	0.1	0.683	5.60	5.3	0.0	5.3	80.53	75.7	33.7	42.1	20.20	19.0	19.0	0.0
山黄黏泥	101.40	0	0.636	0.00	0.0	0.0	0.0	80.93	79.8	0	79.8	20.47	20.2	20.2	0.0
钙质紫泥田	100.93	0	0.744	14.40	14.3	0.0	14.3	86.47	85.7	63.9	21.8	0.07	0.0	0.0	0.0
潮泥土	93.20	0	0.831	80.67	86.6	0.0	86.6	12.53	13.4	13.4	0.0	0.00	0.0	0.0	0.0
棕泥土	53.80	0	0.660	0.00	0.0	0.0	0.0	53.80	100	4.2	95.8	0.00	0.0	0.0	0.0
砂黏质山黄泥	49.40	0	0.618	0.00	0.0	0.0	0.0	40.33	81.6	0.0	81.6	9.07	18.4	18.4	0.0
潮红土	36.60	0	0.678	0.00	0.0	0.0	0.0	36.60	100	19.9	80.1	0.00	0.0	0.0	0.0
片石砂土	35.40	0	0.704	0.00	0.0	0.0	0.0	35.40	99.9	51.0	48.9	0.00	0.1	0.1	0.0
白岩砂土	32.47	0	0.654	0.00	0.0	0.0	0.0	31.93	98.3	9.6	88.7	0.53	1.7	1.7	0.0
堆叠土	31.00	0	0.790	20.27	65.5	0.0	65.5	10.67	34.5	34.5	0.0	0.00	0.0	0.0	0.0
滨海砂田	28.13	0	0.838	28.13	100	0.0	100	0.00	0.0	0.0	0.0	0.00	0.0	0.0	0.0
烂塘田	14.93	0	0.757	2.53	16.9	0.0	16.9	12.40	83.1	83.1	0.0	0.00	0.0	0.0	0.0
滨海砂土	12.73	0	0.742	0.33	2.8	0.0	2.8	12.40	97.2	65.6	31.6	0.00	0.0	0.0	0.0
砂岗砂土	11.80	0	0.876	11.80	100	16.4	83.6	0.00	0.0	0.0	0.0	0.00	0.0	0.0	0.0
烂青紫泥田	9.13	0	0.816	4.87	53.3	0.0	53.3	4.27	46.7	46.7	0.0	0.00	0.0	0.0	0.0
合计	212 598.33			67 735.07	31.9			137 982.93	64.9			6 880.33	3.2		

表3-15 各级耕地的土种构成

土种	面积(hm²)	占总面积(%)	平均地力指数	一等地 面积(hm²)	一等地占本土种(%)	一级地占本土种(%)	二级地占本土种(%)	二等地 面积(hm²)	二等地占本土种(%)	三级地占本土种(%)	四级地占本土种(%)	三等地 面积(hm²)	三等地占本土种(%)	五级地占本土种(%)	六级地占本土种(%)
淡涂黏田	20 255.73	11.2	0.827	16 096.93	79.5	2.6	76.8	4 157.40	20.5	19.4	1.1	1.40	0	0	0
黄泥土	12 207.47	6.7	0.698	1 032.53	8.5	0	8.4	10 627.00	87.1	50.9	36.1	548.00	4.5	4.3	0.2
青紫泥田	11 946.13	6.6	0.826	9 091.87	76.1	1.2	74.9	2 854.33	23.9	21.3	2.6	0.00	0	0	0
红粉泥土	9 148.33	5.1	0.724	1 620.40	17.7	0.2	17.5	7 421.13	81.1	57.4	23.8	106.87	1.2	1.2	0
黄斑田	8 667.67	4.8	0.846	7 984.47	92.1	3.2	88.9	683.20	7.9	7.8	0.1	0.07	0	0	0
淡涂泥田	7 743.80	4.3	0.840	7 242.40	93.5	3.8	89.8	501.47	6.5	6.4	0.1	0.00	0	0	0
紫粉泥土	6 985.60	3.9	0.709	453.33	6.5	0	6.5	6 441.87	92.2	54.3	38	90.40	1.3	1.3	0
泥砂头老黄筋泥田	6 779.93	3.7	0.722	388.40	5.7	0	5.7	6 280.40	92.6	63.3	29.3	111.13	1.6	1.6	0
淡涂黏	6 168.80	3.4	0.798	3 830.67	62.1	0.2	61.9	2 338.20	37.9	35.9	2	0.00	0	0	0
黄泥砂土	5 827.53	3.2	0.699	366.13	6.3	0	6.2	5 046.13	86.6	43.2	43.4	415.33	7.1	7.1	0
泥砂头青紫泥田	5 556.33	3.1	0.804	3 376.53	60.8	1.8	59	2 179.13	39.2	36.6	2.6	0.67	0	0	0
红泥土	5 477.93	3	0.714	1 175.93	21.5	0.2	21.3	4 256.40	77.7	42.9	34.8	45.67	0.8	0.8	0
黄砾泥	4 943.07	2.7	0.697	613.73	12.4	0	12.4	4 084.00	82.6	43.8	38.8	245.33	5	5	0
黄泥砂田	4 701.07	2.6	0.704	232.40	4.9	0	4.9	4 411.67	93.8	49	44.9	57.00	1.2	1.2	0
泥砂田	4 008.87	2.2	0.713	164.60	4.1	0	4.1	3 778.47	94.3	54.7	39.6	65.73	1.6	1.6	0
石砂土	3 964.87	2.2	0.704	595.27	15	0.2	14.8	3 123.73	78.8	54.7	24.1	245.87	6.2	6.2	0
轻咸黏	3 754.40	2.1	0.793	1 552.20	41.3	0	41.3	2 202.20	58.7	55.1	3.6	0.00	0	0	0
洪积泥砂田	3 333.87	1.8	0.709	256.40	7.7	0.1	7.6	2 983.80	89.5	54.1	35.4	93.73	2.8	2.8	0
洪积泥砂土	3 264.60	1.8	0.720	373.20	11.4	0.3	11.1	2 762.87	84.6	50.7	34	128.53	3.9	3.9	0
红泥砂土	3 007.67	1.7	0.663	110.40	3.7	0	3.7	2 620.47	87.1	51.1	36	276.80	9.2	9.2	0
培泥砂田	2 433.87	1.3	0.731	324.80	13.3	0	13.3	2 107.53	86.6	66.5	20	1.53	0.1	0.1	0
淡涂泥	2 351.20	1.3	0.793	940.07	40	0.1	39.9	1 411.13	60	58	2	0.00	0	0	0
轻咸泥	1 919.80	1.1	0.769	643.13	33.5	0	33.5	1 276.67	66.5	59.4	7.1	0.00	0	0	0
黏涂	1 809.80	1	0.736	165.67	9.2	0.2	9	1 505.47	83.2	42.6	40.6	138.67	7.7	7.7	0
谷口泥田	1 783.60	1	0.708	248.93	14	0.1	13.9	1 521.13	85.3	33.1	52.2	13.53	0.8	0.8	0
江涂泥	1 491.40	0.8	0.809	984.87	66	0.6	65.5	506.60	34	32.1	1.8	0.00	0	0	0
红黏泥	1 410.00	0.8	0.681	120.53	8.5	0	8.5	1 210.53	85.9	31	54.8	78.93	5.6	5.6	0
砂性黄泥田	1 395.20	0.8	0.691	0.13	0	0	0	1 355.07	97.1	40.1	57	40.00	2.9	2.9	0
青紫心培泥砂田	1 348.07	0.7	0.767	456.73	33.9	0	33.9	891.33	66.1	65.2	0.9	0.00	0	0	0
红砾泥	1 318.40	0.7	0.746	341.67	25.9	0	25.9	971.80	73.7	57.8	15.9	4.87	0.4	0.4	0
中咸黏	1 186.20	0.7	0.773	247.67	20.9	0	20.9	938.40	79.1	75.1	4	0.20	0	0	0

（续表）

土种	面积(hm²)	占总面积(%)	平均地力指数	一等地				二等地				三等地			
				面积(hm²)	一等地占本土种(%)	一级地占本土种(%)	二级地占本土种(%)	面积(hm²)	二等地占本土种(%)	三级地占本土种(%)	四级地占本土种(%)	面积(hm²)	三等地占本土种(%)	五级地占本土种(%)	六级地占本土种(%)
古潮泥砂土	1 153.20	0.6	0.707	56.87	4.9	0	4.9	1 062.73	92.2	55.2	36.9	33.60	2.9	2.9	0
亚黄筋泥	1 076.00	0.6	0.693	183.80	17.1	0.4	16.7	880.13	81.8	36.9	44.9	12.07	1.1	1.1	0
山黄泥砂土	1 066.47	0.6	0.655	0.00	0	0	0	941.53	88.3	11	77.3	124.93	11.7	11.7	0
黄泥田	1 033.33	0.6	0.687	12.73	1.2	0	1.2	930.93	90.1	47.3	42.8	89.73	8.7	8.7	0
涂黏田	1 017.27	0.6	0.779	287.00	28.2	0	28.2	730.13	71.8	69.1	2.7	0.13	0	0	0
青塥黄斑田	989.07	0.5	0.873	965.80	97.7	5.4	92.2	23.20	2.3	1.8	0.5	0.00	0	0	0
涂黏	911.00	0.5	0.797	341.60	37.5	0	37.5	375.27	41.2	41.2	0	194.13	21.3	21.3	0
砂黏质黄泥	905.93	0.5	0.664	36.60	4	0	4	737.33	81.4	26.6	54.8	132.00	14.6	14.6	0
老黄筋泥田	855.07	0.5	0.700	52.07	6.1	0	6.1	777.53	90.9	50.5	40.4	25.47	3	3	0
黄心青紫泥田	816.00	0.5	0.809	519.87	63.7	0	63.7	296.13	36.3	36.1	0.2	0.00	0	0	0
山黄泥土	805.53	0.4	0.672	0.00	0	0	0	805.53	100	47.7	52.3	0.00	0	0	0
培泥砂土	743.80	0.4	0.731	94.60	12.7	0	12.7	625.27	84.1	66.8	17.3	23.93	3.2	3.2	0
紫泥土	679.13	0.4	0.724	23.00	3.4	0	3.4	648.80	95.5	68.6	26.9	7.40	1.1	1.1	0
红紫砂土	610.73	0.3	0.695	17.53	2.9	0	2.9	580.93	95.1	53.8	41.3	12.27	2	2	0
泥炭心青紫泥田	603.87	0.3	0.835	527.33	87.3	0.3	87	76.53	12.7	12.7	0	0.00	0	0	0
砂性红泥田	559.33	0.3	0.681	4.33	0.8	0	0.8	554.53	99.1	20.8	78.4	0.47	0.1	0.1	0
泥砂头黄斑田	541.07	0.3	0.816	403.93	74.7	2.7	71.9	137.13	25.3	24.7	0.6	0.00	0	0	0
红土心泥砂田	541.00	0.3	0.736	7.47	1.4	0	1.4	533.53	98.6	89.6	9	0.00	0	0	0
山黄泥砂田	477.07	0.3	0.666	0.00	0	0	0	459.27	96.3	17	79.2	17.80	3.7	3.7	0
红土心培泥砂田	418.40	0.2	0.737	8.07	1.9	0	1.9	410.33	98.1	94	4.1	0.00	0	0	0
重咸黏	415.00	0.2	0.748	19.27	4.6	0	4.6	395.73	95.4	73.9	21.4	0.00	0	0	0
脱钙江涂泥田	412.80	0.2	0.851	399.47	96.8	3.4	93.4	13.33	3.2	3.2	0	0.00	0	0	0
红紫泥砂田	404.93	0.2	0.688	5.27	1.3	0	1.3	381.53	94.2	46.3	47.9	18.13	4.5	4.5	0
涂心洪积泥砂田	321.73	0.2	0.708	35.80	11.1	0	11.1	283.20	88	37.5	50.5	2.73	0.8	0.8	0
红砂土	317.53	0.2	0.694	38.67	12.2	0	12.2	269.67	84.9	26	58.9	9.27	2.9	2.9	0
红黏田	311.40	0.2	0.652	2.00	0.6	0	0.6	288.60	92.7	17.3	75.4	20.80	6.7	6.7	0
砂胶淡涂黏田	302.27	0.2	0.779	100.00	33.1	0.1	33	200.40	66.3	63.7	2.6	1.87	0.6	0.6	0
粉泥田	298.53	0.2	0.819	239.73	80.3	0.2	80.1	58.87	19.7	19.7	0	0.00	0	0	0
泥砂土	286.93	0.2	0.689	10.20	3.6	0	3.6	263.87	91.9	37.9	54	12.87	4.5	4.5	0
焦砾塥洪积泥砂田	279.73	0.2	0.674	12.60	4.5	0	4.5	228.73	81.8	41.7	40	38.47	13.7	13.7	0
江涂泥田	276.93	0.2	0.829	245.67	88.7	0	88.7	31.27	11.3	9	2.2	0.00	0	0	0
涂性培泥砂田	276.27	0.2	0.785	107.20	38.8	0	38.8	169.07	61.2	58.8	2.4	0.00	0	0	0

（续表）

土种	面积(hm²)	占总面积(%)	平均地力指数	一等地				二等地				三等地		
				面积(hm²)	一等地占本土种(%)	一级地占本土种(%)	二级地占本土种(%)	面积(hm²)	二等地占本土种(%)	三级地占本土种(%)	四级地占本土种(%)	面积(hm²)	三等地占本土种(%)	五级地占本土种(%)	六级地占本土种(%)
青紫心谷口泥田	259.47	0.1	0.787	122.47	47.2	0.1	47.1	137.00	52.8	49.5	3.3	0.00	0	0	0
白砂田	226.13	0.1	0.616	0.00	0	0	0	88.73	39.2	2.1	37.1	137.40	60.8	60.8	0
山黄砾泥	222.53	0.1	0.682	0.00	0	0	0	179.13	80.5	25.4	55.1	43.40	19.5	19.5	0
青塥泥砂田	203.93	0.1	0.750	60.87	29.9	0	29.9	141.73	69.5	50.4	19.1	1.27	0.6	0.6	0
焦砾塥黄泥砂田	197.93	0.1	0.697	6.60	3.3	0	3.3	191.27	96.7	42.3	54.3	0.00	0	0	0
砂田	196.73	0.1	0.716	9.47	4.8	0	4.8	186.60	94.9	63.6	31.2	0.67	0.3	0.3	0
红泥田	179.93	0.1	0.646	6.13	3.4	0	3.4	157.40	87.4	23.6	63.8	16.47	9.2	9.2	0
卵石清水砂	170.40	0.1	0.702	0.20	0.1	0	0.1	167.47	98.3	73.5	24.7	2.80	1.6	1.6	0
烂瀓田	160.07	0.1	0.706	21.20	13.2	0	13.2	122.73	76.7	32.9	43.8	16.20	10.1	10.1	0
红紫泥土	158.33	0.1	0.712	17.47	11	0	11	137.73	87	44.3	42.7	3.07	1.9	1.9	0
清水砂	153.00	0.1	0.727	0.27	0.2	0	0.2	151.87	99.3	81	18.2	0.87	0.6	0.6	0
黄粉泥田	152.87	0.1	0.717	27.13	17.7	0	17.7	125.20	81.9	50.7	31.2	0.60	0.4	0.4	0
焦砾塥泥砂田	147.13	0.1	0.670	0.00	0	0	0	147.13	100	18.4	81.6	0.00	0	0	0
古潮泥砂田	134.27	0.1	0.734	13.80	10.3	0	10.3	120.47	89.7	54	35.7	0.00	0	0	0
烂浸田	125.47	0.1	0.775	34.53	27.5	0.4	27.2	90.93	72.5	42.1	30.4	0.00	0	0	0
紫砂土	121.67	0.1	0.692	0.67	0.5	0	0.5	116.67	95.9	45.2	50.7	4.40	3.6	3.6	0
紫粉泥田	120.20	0.1	0.658	0.00	0	0	0	113.60	94.5	21.3	73.2	6.60	5.5	5.5	0
泥涂	102.00	0.1	0.672	0.47	0.5	0	0.5	101.47	99.5	4.6	94.9	0.07	0.1	0.1	0
山黄黏泥	101.40	0.1	0.636	0.00	0	0	0	80.93	79.8	0	79.8	20.47	20.2	20.2	0
青紫心黄泥砂田	101.00	0.1	0.802	66.27	65.6	0	65.6	34.73	34.4	34.4	0	0.00	0	0	0
山黄泥田	100.80	0.1	0.644	0.00	0	0	0	100.80	100	13.1	86.9	0.00	0	0	0
红土心洪积泥砂田	99.47	0.1	0.718	18.40	18.5	0	18.5	81.07	81.5	48.3	33.2	0.00	0	0	0
砂性山黄泥田	93.87	0.1	0.627	0.40	0.4	0	0.4	81.27	86.6	0.2	86.4	12.20	13	13	0
潮泥土	93.20	0.1	0.831	80.67	86.6	0	86.6	12.53	13.4	13.4	0	0.00	0	0	0
黄筋泥	86.20	0	0.730	1.93	2.2	0	2.2	84.27	97.8	61.2	36.6	0.00	0	0	0
涂性培泥砂土	85.33	0	0.826	83.47	97.8	0.5	97.3	1.87	2.2	2.2	0	0.00	0	0	0
黄红泥土	82.60	0	0.735	7.93	9.6	0	9.6	74.67	90.4	78.1	12.3	0.00	0	0	0
老培泥砂田	82.13	0	0.706	3.80	4.6	0	4.6	76.33	93	46.8	46.1	2.00	2.4	2.4	0
钙质紫泥田	80.60	0	0.759	11.20	13.9	0	13.9	69.40	86.1	76.9	9.2	0.00	0	0	0
青紫心培泥砂土	80.13	0	0.811	60.00	74.8	0	74.8	20.13	25.2	25.2	0	0.00	0	0	0
青心培泥砂田	69.40	0	0.703	0.00	0	0	0	69.40	100	60.8	39.2	0.00	0	0	0

（续表）

土种	面积(hm²)	占总面积(%)	平均地力指数	一等地				二等地				三等地			
				面积(hm²)	一等地占本土种(%)	一级地占本土种(%)	二级地占本土种(%)	面积(hm²)	二等地占本土种(%)	三级地占本土种(%)	四级地占本土种(%)	面积(hm²)	三等地占本土种(%)	五级地占本土种(%)	六级地占本土种(%)
黄红砾泥	69.00	0	0.725	0.00	0	0	0	64.73	93.9	74.6	19.3	4.27	6.1	6.1	0
山香灰土	62.20	0	0.679	0.00	0	0	0	62.20	100	87.7	12.3	0.00	0	0	0
棕泥土	53.80	0	0.660	0.00	0	0	0	53.80	100	4.2	95.8	0.00	0	0	0
淡涂砂田	52.53	0	0.807	38.13	72.6	0	72.6	14.40	27.4	27.4	0	0.00	0	0	0
红土心泥质田	52.40	0	0.732	0.00	0	0	0	51.27	97.9	88.4	9.5	1.13	2.1	2.1	0
砂黏质山黄泥	49.40	0	0.618	0.00	0	0	0	40.33	81.6	0	81.6	9.07	18.4	18.4	0
盐白地	45.80	0	0.805	34.27	74.8	0	74.8	11.53	25.2	25	0.1	0.00	0	0	0
砾心培泥砂土	44.87	0	0.657	0.00	0	0	0	44.87	100	12.5	87.5	0.00	0	0	0
红砂田	41.40	0	0.656	1.87	4.4	0	4.4	24.47	59.1	3.8	55.3	15.07	36.5	36.5	0
棕红泥	37.13	0	0.721	0.00	0	0	0	37.13	100	85.7	14.3	0.00	0	0	0
烂泥田	36.00	0	0.733	5.60	15.6	0	15.6	30.33	84.2	75.6	8.6	0.07	0.2	0.2	0
泥质田	33.27	0	0.673	0.00	0	0	0	33.27	100	21.4	78.6	0.00	0	0	0
烂黄泥砂田	33.07	0	0.685	2.13	6.5	0	6.5	30.93	93.5	24.9	68.6	0.00	0	0	0
白岩砂土	32.47	0	0.654	0.00	0	0	0	31.93	98.3	9.6	88.7	0.53	1.7	1.7	0
壤质堆叠土	31.00	0	0.790	20.27	65.5	0	65.5	10.67	34.5	34.5	0	0.00	0	0	0
棕黄泥	30.07	0	0.676	0.00	0	0	0	27.07	90.1	45.2	44.9	3.00	9.9	9.9	0
砂岗砂田	28.13	0	0.838	28.13	100	0	100	0.00	0	0	0	0.00	0	0	0
泥炭心黄泥砂田	20.27	0	0.743	5.87	29	0	29	14.40	71	69.4	1.6	0.00	0	0	0
黄大泥田	16.07	0	0.722	5.87	36.6	0	36.6	10.20	63.4	20.8	42.6	0.00	0	0	0
烂塘田	14.93	0	0.757	2.53	16.9	0	16.9	12.40	83.1	83.1	0	0.00	0	0	0
焦砾塥黄泥田	14.20	0	0.620	0.00	0	0	0	13.73	96.7	0	96.7	0.47	3.3	3.3	0
砾塥泥砂土	13.40	0	0.676	0.00	0	0	0	10.40	77.8	9.5	68.3	3.00	22.2	22.2	0
滨海砂土	12.73	0	0.742	0.33	2.8	0	2.8	12.40	97.2	65.6	31.6	0.00	0	0	0
砂岗砂土	11.80	0	0.876	11.80	100	16.4	83.6	0.00	0	0	0	0.00	0	0	0
烂青紫泥田	9.13	0	0.816	4.87	53.3	0	53.3	4.27	46.7	46.7	0	0.00	0	0	0
棕红泥砂土	8.07	0	0.688	0.00	0	0	0	8.07	100	4.7	95.3	0.00	0	0	0
中咸泥	7.93	0	0.755	0.00	0	0	0	7.93	100	100	0	0.00	0	0	0
涂泥	7.67	0	0.723	0.00	0	0	0	7.67	100	79.2	20.8	0.00	0	0	0
褐斑黄筋泥	6.47	0	0.716	0.00	0	0	0	6.47	100	52.3	47.7	0.00	0	0	0
片石砂土	4.60	0	0.702	0.00	0	0	0	4.60	99.5	61.5	38	0.00	0.5	0.5	0
涂心泥砂田	4.20	0	0.682	0.00	0	0	0	4.20	100	27.5	72.5	0.00	0	0	0
涂心黄泥砂田	3.40	0	0.691	0.00	0	0	0	3.40	100	24.9	75.1	0.00	0	0	0
乌石砂土	2.93	0	0.742	0.00	0	0	0	2.93	100	100	0	0.00	0	0	0

（续表）

土种	面积(hm²)	占总面积(%)	平均地力指数	一等地 面积(hm²)	一等地占本土种(%)	一级地占本土种(%)	二级地占本土种(%)	二等地 面积(hm²)	二等地占本土种(%)	三级地占本土种(%)	四级地占本土种(%)	三等地 面积(hm²)	三等地占本土种(%)	五级地占本土种(%)	六级地占本土种(%)
烂灰田	2.80	0	0.612	0.00	0	0	0	2.80	100	0	100	0.00	0	0	0
红砾黏	0.80	0	0.640	0.00	0	0	0	0.80	100	0	100	0.00	0	0	0
合计	180 981.27			66 607.40	36.8			110 580.53	61.1			3 793.33	2.1		

四、不同地貌区耕地地力分布规律

除高山和低山外，其他地貌类型中都有耕地分布（表3-16）。其中，以滨海平原、水网平原和河谷平原的分布面积最大，面积分别为39 419.33hm²、31 843.87hm²和27 784.20hm²，占耕地总面积的33.4%、27.0%和23.6%。滨海平原、水网平原、河谷平原和河谷平原大畈的总面积占台州市耕地总面积的近85%。可见，台州市耕地主要分布在平原地区，总体上立地条件较为优越。在各类地貌类型中，地力指数以水网平原最高，平均为0.839；其次是滨海平原，平均为0.819；河谷平原大畈和低丘大畈地地力指数也较高，平均分别为0.787和0.766。水网平原和滨海平原的耕地主要为一等地，河谷平原大畈中也有近一半的耕地为一等地。其他地貌类型区的耕地主要属二等地。除高丘外（三等耕地占48.3%），其他地貌中耕地比例均较小。

表3-16　不同地貌类型区各级耕地的构成

地貌类型	面积(hm²)	平均地力指数	一等地 面积(hm²)	一等地占本地貌(%)	一级地占本地貌(%)	二级地占本地貌(%)	二等地 面积(hm²)	二等地占本地貌(%)	三级地占本地貌(%)	四级地占本地貌(%)	三等地 面积(hm²)	三等地占本地貌(%)	五级地占本地貌(%)	六级地占本地貌(%)
水网平原	31 843.87	0.839	26 353.93	82.8	3.1	79.7	5 484.07	17.2	15.8	1.4	5.80	0.0	0.0	0.0
滨海平原	39 419.33	0.819	27 733.47	70.4	1.4	69.0	11 350.00	28.8	25.9	2.9	335.87	0.9	0.9	0.0
河谷平原大畈	3 102.67	0.787	1 506.00	48.5	0.0	48.5	1 574.27	50.7	41.4	9.3	22.40	0.7	0.7	0.0
低丘大畈	354.13	0.766	72.47	20.5	0.0	20.5	281.67	79.5	76.4	3.1	0.00	0.00	0.0	0.0
河谷平原	27 784.20	0.710	2 447.27	8.8	0.0	8.8	24 894.60	89.6	41.7	47.9	442.27	1.6	1.6	0.0
低丘	9 832.73	0.649	153.20	1.6	0.0	1.6	8 493.60	86.4	21.3	65.1	1 186.00	12.1	12.1	0.0
高丘	1 646.80	0.608	0.00	0.0	0.0	0.0	851.40	51.7	1.2	50.4	795.40	48.3	48.3	0.0
低山	0.00	/	0.00	0.0	0.0	0.0	0.00	0.0	0.0	0.0	0.00	0.0	0.0	0.0
中山	3 979.33	0.673	0.40	0.0	0.0	0.0	3 619.67	91.0	29.7	61.2	359.27	9.0	9.0	0.0
高山	0.00	/	0.00	0.0	0.0	0.0	0.00	0.0	0.0	0.0	0.00	0.0	0.0	0.0
合计	117 963.00		58 266.73	49.4			56 549.27	47.9			3 147.07	2.7		

台州市耕地主要分布在坡度较低的区域，随坡度的增加，耕地分布面积逐渐下降（表3-17）。坡度≤3°和3°~6°的耕地分布面积分别为163 979.87hm²和29 505.07hm²，分别占耕地总面积的77.1%和13.9%，二者面积之和占台州市全部耕地面积的91.0%，这显然与台州市耕地主要分

布在平原地区有关。在坡度≤3°的区域，一等地和二等地分布的面积各占40.9%和57.5%，其他坡度级的区域，二等地的比例占绝对优势。总体上，一等地集中分布在坡度≤3°区域，少量分布在坡度3°~6°的区域。随着坡度的增加，三等地的比例有逐渐增加的趋势。

表3-17 不同地表坡度分区各级耕地的构成

坡度(°)	面积	平均地力指数	一等地				二等地					三等地			
			面积(hm²)	一等地占本坡度级(%)	一级地占本坡度级(%)	二级地占本坡度级(%)	面积(hm²)	二等地占本坡度级(%)	三级地占本坡度级(%)	四级地占本坡度级(%)		面积(hm²)	三等地占本坡度级(%)	五级地占本坡度级(%)	六级地占本坡度级(%)
3	163 979.87	0.769	66 986.80	40.9	0.9	39.9	94 287.27	57.5	40.4	17.1		2 705.73	1.7	1.6	0.0
3~6	29 505.07	0.685	712.73	2.4	0.0	2.4	27 311.20	92.6	41.9	50.7		1 481.13	5.0	5.0	0.0
6~10	9 277.07	0.668	35.13	0.4	0.0	0.4	8 372.93	90.3	31.2	59.0		869.00	9.4	9.3	0.0
10~15	5 258.80	0.667	0.33	0.0	0.0	0.0	4 703.07	89.4	34.3	55.1		555.33	10.6	9.4	1.1
15~25	3 124.53	0.642	0.00				2 297.67	73.5	13.2	60.3		826.87	26.5	24.2	2.3
>25	1 453.00	0.638	0.00				1 010.73	69.6	12.1	57.5		442.20	30.4	29.8	0.6
合计	212 598.33		67 735.07	31.9			137 982.93	64.9				6 880.33	3.2		

第四节 一级耕地地力状况及管理建议

一、立地状况

台州市一级地面积只有1 515.53hm²，仅占全市耕地面积的0.8%。一级地集中分布在市内的水网平原和滨海平原，二者分别占总面积的64.7%和35.3%；一级地坡度在0°~6°，其中，≤3°和3°~6°的比例分别为99.8%和0.2%。抗旱能力较高，主要在50~70天，占71.5%；抗旱>70天占28.5%；一日暴雨一日排出和一日暴雨二日排出的农田比例分别为72.0%和28.0%，以一日暴雨一日排出为主。土壤类型主要为水稻土，占94.6%；少数为红壤(占2.6%)、潮土(占2.1%)、滨海盐土(占0.2%)和粗骨土(占0.5%)。由于地理位置较为优越，通过近年来耕地地力提升，一级地基础设施较为完整，具有高产、稳产的特点。

一级地较集中分布在路桥区、临海市和椒江区，这些县(市、区)的一级地面积占总一级地面积的92.4%；其中，路桥区、临海市和椒江区的一级地面积分别占总一级地面积的56.5%、24.2%和11.7%；其他县(市、区)仅零星分布。

二、理化性状

(一) pH值和容重

一级地土壤pH值主要为中性和微酸性，pH值6.5~7.5、5.5~6.5和7.5~8.5三个级别的比例分别为48.4%、50.0%和0.2%，另有1.4%的一级地土壤呈酸性(pH值4.5~5.5)。一级地耕地耕作层土壤容重主要在0.9~1.3g/cm³，其中，容重在0.9~1.1g/cm³和1.1~1.3g/cm³的分别占全部一级地的71.2%和24.3%；另有1.4%和3.1%的一级地容重属于>1.3g/cm³和小于0.9g/cm³。

总体上，一级地的土壤容重较为适宜，通透性佳。

（二）阳离子交换量和水溶性盐分

一级地耕地土壤 CEC 在 15cmol/kg 以上，CEC 分属 15~20cmol/kg 和 20cmol/kg 以上的分别占一级耕地面积的 66.9% 和 33.1%，总体上属中高等水平。水溶性盐分多在 2g/kg 以下，其中，水溶性盐在 1g/kg 以下和 1~2g/kg 的一级耕地面积分别占 75.6% 和 23.2%，另有 1.2% 的一级耕地水溶性盐在 2~3g/kg。

（三）养分状况

一级地耕层土壤有机质含量总体属于较高水平，基本上在 30g/kg 以上，其中，有机质含量高于 40g/kg 的面积占 64.2%，30~40g/kg 的面积占 35.2%，20~30g/kg 的面积只占 0.5%。一级地耕层土壤全氮在中高水平，在 1.5g/kg 以上，全氮在 1.5~2.0g/kg、2.0~2.5g/kg、2.5~3.0g/kg 和 3.0g/kg 以上的一级地面积分别占 20.9%、40.1%、35.0% 和 3.9%。有效氮全在 100mg/kg 以上，也达到较高的水平。其中，100~150mg/kg、150~200mg/kg、200~250mg/kg 和 250mg/kg 以上的比例分别为 13.7%、62.6%、22.1% 和 1.6%。

一级地耕层土壤有效磷变化较大，丰缺很不均衡。对于 Olsen P，有效磷在 40mg/kg 以上的一级地面积为 12.5%；有效磷在 10~15mg/kg、15~20mg/kg、20~30mg/kg 和 30~40mg/kg 的一级地面积分别占 20.0%、16.7%、25.2% 和 20.5%，另有少量（占 5.2%）的一级地有效磷在 10mg/kg 以下。Bray P 基本上在 18mg/kg 以上，有效磷在 18~25mg/kg、25~35mg/kg、35~50mg/kg 和 >50mg/kg 的一级地面积分别占 13.6%、57.5%、27.1% 和 1.7%。总体上，一级地土壤有效磷以中高水平为主，有部分土壤有效磷超过的植物的正常需要量，也有一定比例的一级地土壤存在磷素的不足。

一级地耕层土壤速效钾较高，有 91.6% 的一级地土壤速效钾在 100mg/kg 以上，其中，速效钾在 150mg/kg 以上和 100~150mg/kg 的一级地面积分别占 55.8% 和 35.8%，另外，分别有 7.1% 和 1.4% 面积的一级地土壤速效钾在 80~100mg/kg 和 50~80mg/kg。约有 1/10 的一级地存在较明显的缺钾问题。

（四）质地和耕作层厚度

一级地耕层土壤质地主要为黏壤土、黏土和壤土，它们的面积分别约占一级耕地的 44.0%、31.3% 和 23.7%，另有 0.9% 的一级地的质地为砂壤土。地表砾石度均在 10% 以下。耕作层厚度主要在 16~20cm，占 93.7%；另分别有 4.4% 和 1.8% 的一级地耕作层厚度位于 12~16cm 和大于 20cm。

三、生产性能及管理建议

一级耕地是台州市农业生产中地力最高的耕地，总体上，该类耕地土壤供肥性能和保肥性能较高，灌溉／排水条件良好，宜种性广，土壤肥力水平高，农业生产上以粮食生产为主。调查结果表明，这类耕地的立地条件优越，有机质和全氮水平高，容重和耕作层厚度较为适合作物生长的需要；钾素水平总体上较高，但部分土壤存在有效磷、速效钾偏低的问题。在管理上应以土壤地力保育管理为主，注意做好秸秆还田，种植绿肥，增施有机肥，以保持较高的土壤有机质水平，增强土壤的保肥性能。同时，重视测土施肥，校治土壤的缺磷、缺钾现象。

第五节　二级耕地地力分述

一、立地状况

台州市二级地面积有66 219.47hm²，占全市耕地面积的31.1%。二级地主要分布在市内水网平原和滨海平原，分别占44.7%和47.9%，分布在河谷平原大畈的占2.7%，少数分布在河谷平原（4.3%）和丘陵（0.4%）；坡度在0°~6°，其中，≤3°和3°~6°的比例分别为98.9%和1.1%。抗旱能力较高，主要在50~70天，占69.0%；抗旱>70天和30~50天的分别占8.4%和21.8%，少数（占0.7%）抗旱<30天；一日暴雨一日排出、一日暴雨二日排出和一日暴雨三日排出的比例分别为9.9%、84.8%和5.3%，以一日暴雨二日排出为主。土壤类型主要为水稻土，占74.4%；少数为红壤（占10.0%）、潮土（占10.0%）、滨海盐土（占4.5%）和粗骨土（占1.0%）。通过近年来土壤改良和耕地地力提升，二级地基础设施较为完整，具有高产、稳产的特点，但由于受地形、排灌条件和土壤肥力等的限制，其综合地力级别低于一级地。

除仙居县外，二级地在其他各县（市、区）都有分布。以温岭市的面积最大，占二级地总面积的33.0%；黄岩区、椒江区、临海市和路桥区的分布面积也较大，分别占9.7%、12.2%、17.8%和17.6%；三门县（4.9%）、天台县（1.0%）和玉环县（3.9%）也有少量分布。

二、理化性状

（一）pH值和容重

二级地土壤pH值变化较大，主要为中性和微酸性，pH值6.5~7.5、5.5~6.5和7.5~8.5三个级别的比例分别为30.8%、38.2%和14.6%，另有16.3%的二级地土壤呈酸性（pH值4.5~5.5），少数土壤（0.1%）pH值低于4.5。二级地耕地耕作层土壤容重主要在0.9~1.3g/cm³，其中，容重在0.9~1.1g/cm³和1.1~1.3g/cm³的分别占全部二级地的50.6%和45.8%；另有3.0%和0.6%的二级地土壤容重属于>1.3g/cm³和小于0.9g/cm³。总体上，二级地的土壤容重较为适宜，通透性较好。

（二）阳离子交换量和水溶性盐分

二级地耕地土壤CEC主要在10cmol/kg以上，CEC分属10~15cmol/kg、15~20cmol/kg和20cmol/kg以上的分别占二级耕地面积的12.3%、74.6%和12.1%，另有少量（占1.0%）在5~10cmol/kg，总体上属中等水平。水溶性盐分多在2g/kg以下，其中，水溶性盐在1g/kg以下和1~2g/kg的二级耕地面积分别占77.3%和21.9%，另有0.8%的二级耕地水溶性盐在2g/kg以上。

（三）养分状况

二级地耕层土壤有机质含量总体属于较高水平，基本上在20g/kg以上，其中，有机质含量高于40g/kg的面积占28.0%，30~40g/kg的面积占43.0%，20~30g/kg的面积占25.8%，另有3.2%的二级耕地的有机质在10~20g/kg。二级地耕层土壤全氮也主要在中高水平，以在1.5g/kg以上为主，全氮在0.5~1.0g/kg、1.0~1.5g/kg、1.5~2.0g/kg、2.0~2.5g/kg、2.5~3.0g/kg和3.0g/kg以上的一级地面积分别占1.3%、21.2%、33.0%、22.2%、10.4%和11.9%。土壤有效氮全在100~250mg/kg，也达到较高的水平。其中，100~150mg/kg、150~200mg/kg、200~250mg/kg和250mg/kg以上的比例分别为29.6%、53.1%、10.5%和0.7%。另有6.1%的二级地有效氮在50~100mg/kg。总体上，二级地土壤氮素较高，但低于一级地，并存在一定比例的土壤缺氮。

二级地耕层土壤有效磷变化也较大，丰缺很不均衡。对于Olsen P，有效磷在40mg/kg以上的二级地面积比例达25.4%；有效磷在10~15mg/kg、15~20mg/kg、20~30mg/kg和30~40mg/kg的二级地面积分别占14.4%、15.3%、22.0%和11.8%，另有少量（占11.1%）的二级地有效磷在10mg/kg以下。对于Bray P，有效磷的变化也很大，主要在18mg/kg以上；其中，土壤有效磷在18~25mg/kg、25~35mg/kg、35~50mg/kg和>50mg/kg的二级地面积分别占15.8%、18.9%、20.8%和26.9%，另有少量（占17.7%）的二级地有效磷在18mg/kg以下。总体上，二级地土壤有效磷以中高水平为主，但有效磷的变幅超过了一级地，其中，土壤有效磷超过的植物的正常需要量与较低级别的比例都高于一级地。

二级地耕层土壤速效钾较高，有82.3%的二级地土壤速效钾在100mg/kg以上，其中，土壤速效钾在150mg/kg以上和100~150mg/kg的二级地面积分别占52.5%和29.8%，另分别有10.6%、6.3%和0.7%面积的二级地速效钾在80~100mg/kg、50~80mg/kg和≤50mg/kg。约有7%的二级地存在较明显的缺钾问题。

（四）质地和耕作层厚度

二级地耕层土壤质地主要为黏壤土、壤土和黏壤土，它们的面积分别约占二级耕地的52.2%、23.5%和21.4%，另分别有2.1%、0.4%和0.3%的二级地的质地为砂壤土、粉壤和砂土。地表砾石度主要在10%以下，占95.6%；少数（4.4%）在10%~25%。耕作层厚度主要在12~20cm，占98.7%；少数（1.3%）位于8~12cm和>20cm。

三、生产性能及管理建议

二级耕地是台州市农业生产中仅次于一级田的一类地力高的耕地，总体上，土壤供肥性能和保肥性能较高，宜种性广，土壤肥力水平较高，农业生产上以粮食生产为主。调查结果表明，这类耕地的立地条件相对较好，肥力较高，容重和耕作层厚度较为适合作物生长的需要；土壤磷素高低不均，缺乏磷与富磷土壤都有一定的比例；部分土壤有机质、氮素、钾素偏低，部分土壤CEC较低或耕层较浅，部分土壤存在灌溉或排水问题；有少数土壤出现明显的酸化。在管理上应完善种植结构与技术措施，重视测土施肥；做好秸秆还田，种植绿肥，增施有机肥，进一步提高土壤有机质含量，增强土壤的保肥性能。酸化土壤有必要进行酸度校正。

第六节 三级耕地地力分述

一、立地状况

台州市三级地面积有83 926.13hm²，占全市耕地面积的39.5%，是台州市面积最大的耕地地力等级。台州市的三级地分布在市内平原地区，其中，滨海平原、河谷平原（含河谷平原大畈）和水网平原分别占三级耕地总面积的32.2%、40.7%和15.9%，低丘和低丘陵大畈占7.5%；坡度主要在0°~6°角，其中≤3°和3°~6°角的比例分别为79.0%和14.7%。抗旱能力差别较大，以上等为主；抗旱>70天、50~70天、30~50天和<30天的分别占20.0%、40.3%、31.8%、8.0%；排水能力以上等为主，一日暴雨一日排出、一日暴雨二日排出和一日暴雨三日排出的比例分别为4.6%、68.9%和26.5%。土壤类型主要为水稻土（40.1%）和红壤（37.6%），少数为滨海盐土（6.7%）、粗骨土（3.8%）、潮土（9.5%）、黄壤（0.9%）和紫色土（1.4%）。三级地基础设施相对较差，立地条件一般，排涝能力明显低于二级耕地。

三级地在全市各县（市、区）都有分布，面积较大的为临海市，占37.7%；其次为天台县、温岭市和仙居县，分别占12.7%、13.6%和11.7%。另外，黄岩区和三门县的面积也较大，分别占三级耕地的5%~10%，其他县（市、区）的面积比例都在5%以下。

二、理化性状

（一）pH值和容重

三级地土壤pH值主要在4.5~6.5，pH值在4.5~5.5、5.5~6.5、6.5~7.5、7.5~8.5和<4.5等5个级别的比例分别为57.3%、20.7%、7.8%、9.4%和4.5%；另有0.3%的土壤pH值>8.5；以酸性和微酸性土壤为主。三级地耕地耕作层土壤容重主要在0.9~1.3g/cm³，其中，容重为0.9~1.1g/cm³和1.1~1.3g/cm³的三级地分别占28.3%和63.0%；另有7.1%和1.6%的三级地容重>1.3g/cm³和<0.9g/cm³。总体上，三级地的土壤容重适中。

（二）阳离子交换量和水溶性盐分

三级地耕地土壤CEC主要在5~20cmol/kg变化，差异较大，CEC分属5~10cmol/kg、10~15cmol/kg和15~20cmol/kg的分别占三级耕地面积的23.1%、51.2%和24.1%，另有1.6%的三级地土壤CEC为>20cmol/kg；台州市的三级耕地土壤CEC属中等水平。水溶性盐分多在2g/kg以下，其中水溶性盐在1g/kg以下和1~2g/kg的三级耕地面积分别占88.4%和10.3%，另有1.3%的三级耕地水溶性盐在2g/kg以上。可见三级耕地与二级耕地的土壤CEC和水溶性盐分较为接近。

（三）养分状况

三级地耕层土壤有机质含量主要在20~40g/kg，有机质含量高于40g/kg的面积只占10.1%，30~40g/kg的面积占29.6%，20~30g/kg的面积占40.0%，10~20g/kg的面积占20.0%。可见，三级耕地的土壤有机质含量以中等水平为主。三级地耕层土壤全氮也主要在中等水平，主要在1.0~2.0g/kg，全氮在0.5~1.0g/kg、1.0~1.5g/kg、1.5~2.0g/kg、2.0~2.5g/kg、2.5~3.0g/kg和3.0g/kg以上的三级地面积分别占10.3%、39.0%、30.5%、10.7%、4.8%和4.5%；另有0.2%的三级地全氮在0.5g/kg以下。土壤有效氮主要在50~150mg/kg，处于中下水平。其中，50~100mg/kg、100~150mg/kg的比例分别为38.5%、46.8%，<50mg/kg、150~200mg/kg、>200mg/kg的比例分别0.2%、12.7%和1.9%。总体上，三级地氮素中下，并存在一定比例的土壤缺氮。

三级地耕层土壤有效磷较高，甚至高于一级地和二级地。对于Olsen P，有效磷在40mg/kg以上的三级地面积比例已达55.6%，存在明显的过度积累；有效磷在10~15mg/kg、15~20mg/kg、20~30mg/kg和30~40mg/kg的三级地面积分别占5.0%、7.3%、15.3%和12.8%，另有少量（占4.0%）的三级地有效磷在10mg/kg以下。对于Bray P，有效磷的变化也很大，主要在18mg/kg以上；其中，有效磷在18~25mg/kg、25~35mg/kg、35~50mg/kg和>50mg/kg的三级地面积分别占9.4%、14.2%、17.0%和42.1%，另有少量（占17.3%）的三级地有效磷在18mg/kg以下。总体上，三级地土壤有效磷以中高水平为主，有近一半的土壤存在磷素的过度积累问题。

三级地耕层土壤速效钾变化较大，有57.6%的三级地土壤有效钾在100mg/kg以上，其中，土壤速效钾在100~150mg/kg和>150mg/kg以上的三级地面积分别占30.2%和27.4%，土壤速效钾在80~100mg/kg的三级地占18.2%，另有24.2%的三级地土壤的有效钾80mg/kg以下。台州市三级地土壤中有1/4存在钾素明显不足。

（四）质地和耕作层厚度

三级地耕层土壤质地以壤土、黏土和砂壤土为主，分别占28.9%、22.4%和21.1%；其次为粉壤土，占14.6%；另有7.9%和5.1%三级田属于黏壤土和砂土。地表砾石度主要（占87.5%）在10%以下，另分别有12.4%和0.1%的三级地砾石含量在10%~25%和25%以上。耕作层厚度在12~20cm，其中，耕作层厚度12~16cm和16~20cm的三级耕地分别占44.9%和49.3%，另分别有3.0%和2.5%的耕作层厚度在8~12cm和>20cm。

三、生产性能及管理建议

三级地力耕地是台州市农业生产能力中处于中等状态的一类耕地，也是台州市面积最大的一类耕地。该级别的耕地多与二级田呈相间分布，许多地力指标与二级田相似（如有机质、全氮、CEC、容重等）；三级田土壤钾素不足，大部分土壤有效磷过高；但因三级田土壤质地较黏，排水条件不如二级耕地。其障碍原因主要有以下几点。一是基础设施不完善，排灌条件较差；二是土壤钾素不足和磷素过度积累；三是土壤酸性较强。目前，这类耕地以种植粮油及经济作物为主。这类耕地在生产上应减少磷肥的投入，注意酸度的校正，同时通过基础设施的建设改善排水条件，增加钾肥的投入；重视有机肥的施用。

第七节　四级耕地地力分述

一、立地状况

台州市四级地面积有54 056.80hm²，占全市耕地面积的25.4%。台州市的四级地的立地条件明显差于一级地、二级地和三级；其分布的地貌类型主要分布在河谷平原和低丘地区，其中，河谷平原（含河谷平原大畈）占54.7%，低丘占25.7%；高丘与中山分别占3.3%和9.8%；滨海平原与水网平原分别占4.6%和1.8%。四级地坡度有一定的变化，主要在0°~6°，其中，≤3°和3°~6°的比例分别为51.8%和27.6%。坡度在6°~10°、10°~15°、15°~25°和>25°的四级地分别占10.1%、5.4%、3.5%和1.5%。四级耕地排涝能力偏低，一日暴雨二日排出和一日暴雨三日排出的比例分别为15.7%和84.3%。抗旱能力较弱，特别是丘陵地区，存在缺水灌溉问题。抗旱>70天、50~70天、30~50天和<30天的四级地分别占2.5%、20.3%、36.4%和40.7%。土壤类型主要为红壤（48.2%）和水稻土（33.0%），少数为潮土（占6.2%）、粗骨土（占4.9%）、紫色土（占1.3%）、基性岩土（占0.1%）和黄壤（占3.9%）。四级地基础设施相对较差，立地条件一般，抗旱能力低于三级耕地。

四级地在全市除路桥区外，其他各县（市、区）都有分布，面积较大的为天台县和仙居县，分别占四级地的20.5%和21.1%；黄岩区、临海市和三门县的分布面积也较大，分别占14.9%、15.3%和14.0%；温岭市、椒江区和玉环县的面积分别占四级地的8.9%、0.1%和5.2%。

二、理化性状

（一）pH值和容重

四级地土壤pH值很低，以酸性土壤为主，其中，土壤pH值在4.5~5.5和4.5以下的分别占74.9%和6.9%；土壤pH值在5.5~6.5和6.5~7.5两个级别的比例分别为14.3%和6.9%；另有

2.3%的四级地土壤pH值在7.5以上。四级地耕地耕作层土壤容重变化较大，容重在0.9~1.1g/cm³、1.1~1.3g/cm³、>1.3g/cm³和<0.9g/cm³的各占28.9%、60.8%、6.4%和3.8%，四级地的部分土壤容重有点偏高。

（二）阳离子交换量和水溶性盐分

四级地耕地土壤CEC主要在5~15cmol/kg，CEC分属5~10cmol/kg、10~15cmol/kg和15~20cmol/kg的分别占四级耕地面积的53.0%、40.6%和6.1%；台州市的四级耕地土壤CEC属中下水平。四级地土壤水溶性盐分基本在1g/kg以下，其中，水溶性盐在1g/kg以下和1~2g/kg的四级耕地面积分别占93.9%和3.7%。

（三）养分状况

四级地耕层土壤有机质含量总体呈中下水平，多数（占面积的62.4%）四级地土壤有机质含量在20~40g/kg。有机质含量高于40g/kg的面积只占8.9%，30~40g/kg的面积占20.0%，20~30g/kg和10~20g/kg的面积分别占42.4%和27.2%，另有1.6%的四级耕地的有机质在10g/kg以下。总体上，四级耕地的土壤有机质含量略低于三级耕地。四级地耕层土壤全氮也主要在中下水平，主要在0.5~2.0g/kg，全氮在0.5~1.0g/kg、1.0~1.5g/kg、1.5~2.0g/kg、2.0~2.5g/kg、2.5~3.0g/kg和3.0g/kg以上的四级地面积分别占15.7%、38.9%、24.9%、10.3%、4.5%和5.2%；另有0.5%的四级地全氮在0.5g/kg以下。土壤有效氮主要在50~150mg/kg，处于中下水平。其中，50~100mg/kg、100~150mg/kg的比例分别为27.2%、60.2%，<50mg/kg、150~200mg/kg、>200mg/kg的比例分别3.5%、8.1%和1.1%。总体上，四级地氮素与三级地相似，处于中下水平，存在一定比例的土壤缺氮。

与三级地相似，四级地耕层土壤有效磷也较高。对于Olsen P，有效磷在40mg/kg以上的四级地面积比例已达50.7%，存在明显的过度积累；有效磷在10~15mg/kg、15~20mg/kg、20~30mg/kg和30~40mg/kg的四级地面积分别占7.7%、9.0%、13.7%和11.2%，另有少量（占7.8%）的四级地有效磷在10mg/kg以下。对于Bray P，有效磷的变化也很大，主要在18mg/kg以上；其中，有效磷在18~25mg/kg、25~35mg/kg、35~50mg/kg和>50mg/kg的四级地面积分别占9.4%、10.8%、13.2%和53.9%，另有少量（占12.6%）的四级地有效磷在18mg/kg以下。总体上，四级地土壤有效磷以中高水平为主，也有近50%的土壤存在磷素的过度积累问题。

四级地耕层土壤速效钾偏低。速效钾在100~150mg/kg和>150mg/kg以上的四级地面积分别占23.7%和8.2%，速效钾在80~100mg/kg的四级地占20.1%，有48.0%的四级地土壤的速效钾80mg/kg以下。总体上，台州市四级地土壤钾素较为缺乏。

（四）质地和耕作层厚度

四级地耕层土壤质地类型较多，变化较大；其中，以壤土和砂壤土的比例较高，分别占28.6%和31.0%，其次为黏土和砂土，分占13.8%和21.7%，另有2.8%和2.0%的四级地土壤质地属于粉壤土和黏壤土。地表砾石度较高，主要（60.8%）在10%以下，但也有较高比例的土壤（38.1%）在10%~25%，少数（1.1%）高达25%以上。四级耕地耕作层厚度主要在12~20cm，其中，12~16cm和16~20cm的分别占47.6%和32.6%；另有3.2%和16.5%的四级田耕层厚度在>20cm和<12cm。

三、生产性能及管理建议

四级耕地是台州市农业生产能力中等偏下的一类耕地。该级别耕地土壤有效磷较为丰富，主要存在抗旱能力弱、保蓄能力弱、土壤酸化、土壤有机质较低和有效钾不足等问题，农作物产量较低。这类耕地在农业生产上应根据农户种植习惯因土指导，需要完善田间设施和修建水利设施，增加农田抗旱能力，重视有机肥和钾肥的投入，提高土壤肥力。视作物情况进行土壤酸度校正。

第八节　五级耕地地力分述

一、立地状况

台州市五级地面积只有6707.53hm²，占全市耕地总面积的3.1%，是台州市面积较小的耕地地力等级。台州市的五级地集中分布在丘陵地区，其中，低丘占37.7%，高丘占25.3%；另分别有10.7%、14.1%和11.4%的五级地分布在滨海平原、河谷平原与中山。坡度变化较大，且较大，其中≤3°的只占39.8%，3°~6°的比例为22.1%，坡度在6°~10°、10°~15°、15°~25°和大于25°的比例为分别占12.9%、7.4%、11.3%和6.5%。五级耕地排涝能力和抗旱能力较弱，特别是丘陵地区，存在缺水灌溉问题。一日暴雨二日排出和一日暴雨三日排出的比例分别为42.4%和57.6%。抗旱>70天、50~70天、30~50天和<30天的分别占0.1%、4.8%、10.0%、85.1%。土壤类型主要为红壤(44.0%)和水稻土(27.9%)，少数为潮土(占9.1%)、粗骨土(占8.6%)、紫色土(占1.7%)、滨海盐土(占5.0%)和黄壤(占3.7%)。五级地基础设施相对较差，水利设施较差，特别是丘陵山地，缺乏灌溉设施。

五级地分布于除椒江区和路桥区以处的其他县(市、区)，较集中分布在仙居县，后者面积占五级地的43.3%；黄岩区和天台县也有较大面积的分布，分别占五级田总面积的19.0%和14.1%；临海市、三门县、温岭市和玉环县五级地面积分别占其总面积的5.0%、1.6%、9.0%和8.0%。

二、理化性状

(一) pH值和容重

五级地土壤以酸性为主，土壤pH值主要在4.5~5.5。土壤pH值在5.5~6.5和4.5~5.5的比例分别为7.7%和79.9%，酸性(pH值4.5~5.5)土壤的比例明显高于一级至四级耕地；土壤pH值<4.5的比例为6.4%。pH值>7.5和6.5~7.5的比例分别为5.0%和1.0%。五级地耕地耕作层土壤容重主要在0.9~1.3g/cm³。土壤容重在0.9~1.1g/cm³的比例为34.4%，在1.1~1.3g/cm³的比例为46.9%；>1.3g/cm³和<0.9g/cm³的比例分别为11.4%和7.3%。总体上，五级地的多数土壤容重偏高，影响其中某些土壤的透水性。

(二) 阳离子交换量和水溶性盐分

五级地耕地土壤CEC较低，CEC主要在5~15cmol/kg，CEC在5~10cmol/kg和10~15cmol/kg的五级耕地面积分别占66.6%和27.7%。分属<5和>20cmol/kg的分别占五级耕地面积的0.3%和5.4%。水溶性盐分主要在1g/kg以下，占91.1%；其次为1~2g/kg，占6.4%。

(三) 养分状况

五级地耕层土壤有机质含量总体呈中下水平，多数(占总面积的79.7%)在10~30g/kg。有机质含量高于40g/kg的五级地只占7.8%，土壤有机质在20~30g/kg的面积占35.3%，土壤有机质在10~20g/kg的面积占44.4%，另有10.8%和1.7%的五级耕地土壤有机质在30~40g/kg和10g/kg以下。总体上，五级耕地的土壤有机质含量明显低于三级和四耕地。五级地耕层土壤全氮较低，主要在0.5~1.5g/kg，全氮在0.5~1.0g/kg、1.0~1.5g/kg、1.5~2.0g/kg、2.0~2.5g/kg、2.5~3.0g/kg和3.0g/kg以上的五级地面积分别占21.9%、45.7%、17.1%、6.1%、7.3%和0.9%；另有1.0%的五级地全氮在0.5g/kg以下。有效氮主要在150mg/kg以下，处于低等水平。其中，土壤有效氮<50mg/kg、50~100mg/kg和100~150mg/kg的比例分别为14.8%、22.4%、60.8%，有效氮在150mg/kg以上的比例只有2.0%。总体上，五级地氮素明显偏低。

五级地耕层土壤有效磷变化也较高，高低分布极不均匀。对于Olsen P，有效磷在40mg/kg以上的五级地面积比例已达32.5%，存在较明显的过度积累；有效磷在10~15mg/kg、15~20mg/kg、20~30mg/kg和30~40mg/kg的五级地面积分别占14.3%、12.6%、18.3%和3.9%，有较大比例（占32.7%）的五级地有效磷在10mg/kg以下。对于Bray P，有效磷的变化也很大，也主要在18mg/kg以上；其中，有效磷在18~25mg/kg、25~35mg/kg、35~50mg/kg和>50mg/kg的五级地面积分别占13.6%、12.4%、7.7%和39.1%，有较高比例（占27.2%）的五级地有效磷在18mg/kg以下。总体上，五级地土壤有效磷高低分布不平衡，既有较高比例的土壤磷素过度积累，也有较高比例的土壤存在磷素的缺乏。

五级地耕层土壤速效钾很低，主要在50~100mg/kg。土壤速效钾在50mg/kg以下和50~80mg/kg的五级地面积分别占9.9%和42.6%；土壤速效钾在80~100mg/kg的五级地面积分别占22.6%；另分别有13.2%和11.8%面积的五级地土壤有效钾在100~150mg/kg和高于150mg/kg。五级地土壤中有效钾在80mg/kg以下的比例高达50%，缺钾明显。

（四）质地和耕作层厚度

五级地耕层土壤质地有壤土、砂壤土、黏土和砂土等4类，分别占24.0%、35.7%、13.6%和26.6%。地表砾石度较高，在10%以下和10%~25%的分别占56.9%和40.9%，少数（2.2%）高达25%以上。五级耕地耕作层厚度以中等为主，其中，耕作层厚度8~12cm、12~16cm和16~20cm的五级耕地分别占20.2%、36.8%和37.1%。

三、生产性能及管理建议

五级地力耕地是台州市农业生产能力较低的一类耕地。这类耕地主要在丘陵地区，土壤保肥性差，缺钾土壤比例较高，土壤有机质和氮素偏低，基础设施差，耕层较薄，易受干旱缺水影响，农作物产量低。这类耕地农业生产上需重视因土种植，以种植旱作和经济作物为主。在改良上，要重视培肥，增加有机肥、氮素、钾素的投入，提高土壤肥力和保肥、保水能力；并适量施用石灰，校正土壤酸度；有水源的区域应加强水利设施的建设。

第九节 六级耕地地力分述

一、立地状况

台州市六级地面积只有172.80hm²，占全市耕地总面积的0.1%，是台州市面积较小的耕地地力等级。台州市的六级地零星分布在丘陵和平原地区，坡度主要在10°~25°，占74.9%。六级耕地排涝能力和抗旱能力较弱，抗旱<30天，一日暴雨二日排出和一日暴雨三日排出的比例分别为12.0%和88.0%。土壤类型主要由红壤（53.6%）、水稻土（29.2%）和潮土（占15.7%）组成。五级地基础设施相对较差，水利设施较差，特别是丘陵山地，缺乏灌溉设施。六级地集中分布在温岭市和仙居县，二者分别占16.6%和83.4%。

二、理化性状

（一）pH值和容重

六级地土壤以酸性为主，土壤pH值在4.5~5.5占95.4%；土壤pH值在5.5~6.5和<4.5的比例分别为2.9%和1.4%。六级地耕地耕作层土壤容重高低相关很大，在0.9~1.1g/cm³的比例只有17.7%，在1.1~1.3g/cm³的比例为42.4%；>1.3g/cm³和<0.9g/cm³的比例分别为2.0%和37.9%。某些六级地的土壤容重偏低。

（二）阳离子交换量和水溶性盐分

六级地耕地土壤CEC较低，CEC主要在5~10cmol/kg，占81.8%；CEC在10~15cmol/kg和15~20cmol/kg的六级耕地面积分别占4.5%和13.3%。水溶性盐分在1g/kg以下。

（三）养分状况

六级地耕层土壤有机质含量总体呈中下水平，多数（占面积的79.2%）在10~20g/kg。土壤有机质含量高于40g/kg的六级地只占6.6%，土壤有机质在20~30g/kg的面积占1.4%，有8.6%和4.2%的六级耕地土壤有机质在30~40g/kg和10g/kg以下。总体上，六级耕地的土壤有机质含量明显低于其他耕地。六级地耕层土壤全氮很低，主要在0.5~1.0g/kg，占65.0%；其次为在1.0~1.5g/kg，占26.0%；另分别有8.6%和0.4%的土壤全氮在2.0~2.5g/kg和低于0.5g/kg。

六级地耕层土壤有效磷变化也较大，但以中等水平为主。Bray P主要在7~25mg/kg，其中在<7mg/kg、7~12mg/kg、12~18mg/kg、18~25mg/kg、25~35mg/kg、35~50mg/kg和>50mg/kg的六级地面积分别占4.1%、18.1%、35.6%、25.4%、6.6%、2.0%和8.0%，有较高比例（占27.2%）的六级地有效磷在18mg/kg以下。

六级地耕层土壤速效钾主要在80mg/kg以上，土壤速效钾在50~80mg/kg的六级地面积占10.4%；在80~100mg/kg的占39.6%；另分别有23.2%和26.8%面积的六级地土壤有效钾在100~150mg/kg和高于150mg/kg。与五级地比较，六级地土壤中有效钾并不低。

（四）质地和耕作层厚度

六级地耕层土壤质地有砂壤土和黏土组成，它们分别占79.8%和20.2%。地表砾石度在10%以下。六级耕地耕作层厚度以中等为主，其中，耕作层厚度8~12cm、12~16cm和16~20cm的六级耕地分别占2.5%、14.6%和82.9%。

三、生产性能及管理建议

六级地力耕地是台州市农业生产能力最低的一类耕地。这类耕地主要在丘陵地区，土壤保肥性差，土壤有机质和氮素偏低，基础设施差，耕层较薄，易受干旱缺水影响，农作物产量低。这类耕地农业生产上需重视因土种植，以种植旱作和经济作物为主。在改良上，要重视培肥，增加有机肥、氮素的投入，提高土壤肥力和保肥、保水能力；并适量施用石灰，校正土壤酸度；有水源的区域应加强水利设施的建设。

从上分析可知，从一级耕地至六级耕地，灌溉条件逐渐变差，土壤缺钾、土壤酸化逐渐明显，土壤有机质含量和氮素水平有所下降，土壤保蓄性变差，容重增加，土层变薄，黏土或砂土的比例增加。但不同级别耕地之间的有效磷变化较小，且磷过量积累的土壤比例有增加的趋势。

第四章　耕地立地条件与土壤肥力状况

第一节　耕地立地条件

一、地形地貌

台州市耕地分布的地貌类型多样，包括中山、丘陵、平原，在水网平原、滨海平原和河谷平原呈连片分布。其中，以滨海平原分布的面积最大，占全部耕地面积的33.2%；其次为水网平原，占27.1%；第三大的为河谷平原（含河谷平原大畈），占26.2%。此外，在低丘（含低丘大畈）、高丘和中山分布的比例分别为8.7%、1.4%和3.4%。总体上，台州市耕地主要分布在平原地区。台州市大部分耕地分布的坡度较小（低于3°角），占80.0%；其次为3°~6°角，占13.7%；坡度在6°~10°、10°~15°、15°~25°和>25°角的比例分别为3.7%、1.6%、0.8%和0.3%。总体上，耕地分布区地势较为平坦。

二、地下水位

耕地分布区土壤地下水位也有较大的差异，以50~80cm为主，面积占59.5%；其次为>80cm，面积占16.4%；地下水位在80~100cm和20~50cm的面积比例分别为12.9%和10.0%；另有1.2%的耕地土壤地下水位小于20cm。多数区域的地下水位略有偏高。

三、灌溉与排水条件

台州市耕地土壤的排水能力与灌溉条件中等，一日暴雨一日排出、一日暴雨二日排出和一日暴雨三日排出的耕地比例分别为8.2%、76.8%和15.0%，以一日暴雨二日排出为主。抗旱>70天、50~70天、30~50天和<30天的比例分别占11.7%、39.6%、30.5%和18.2%，以抗旱能力中等为主。

四、土壤类型

耕地分布区土壤以水稻土为主，面积占50.3%；其次为红壤，面积占31.2%；潮土和盐土也有一定的比例，面积分别占4.8%和8.8%；另有2.8%的耕地土壤为粗骨土，有1.3%的耕地土壤为黄壤，有0.9%的耕地土壤为紫色土，还有少量的基性岩土。

第二节 耕地土壤肥力总体状况

土壤肥力属性包括土壤物理性质、土壤化学性和土壤生物学性质，它们的综合作用影响了土壤水、肥、气、热及土壤生活环境的能力。肥沃的土壤一般为土层厚、表土松、供肥保肥性能适当、结构良好，水、肥、气、热诸肥力因素比较协调，抗逆性强，适宜性广。

一、土壤养分的分级标准

台州市耕地土壤的养分分级标准与浙江省一致。土壤中大量元素养分及土壤 pH 值的分级标准分别列于表4-1和表4-2。

表4-1 土壤大量元素养分分级标准

项目	测定方法	高		中		低	
		1	2	3	4	5	6
有机质(g/kg)	容量法	>50	40~50	30~40	20~30	10~20	<10
全氮(g/kg，K)	开氏法	>2.5	2~2.5	1.5~2	1~1.5	0.5~1	<0.5
碱解性氮(mg/kg，N)	碱解扩散法	>200	150~200	120~150	90~120	30~90	<30
有效磷(mg/kg，P)	碳酸氢钠法	>40	20~40	15~20	10~15	5~10	<5
	盐酸氟化铵法	>30	15~30	10~15	5~10	3~5	<3
速效钾(mg/kg，K)	乙酸铵法	>200	150~200	100~150	80~100	50~80	<50

表4-2 土壤pH值分级标准

等级	1	2	3	4	5	6
pH值	6.5~7.0	6.0~6.5	5.5~6.0	5.0~5.5	4.5~5.0	<4.5
pH值	—	7.0~7.5	7.5~8.0	8.0~8.5	8.5~9.0	>9.0

二、土壤物理性质

（一）质地

质地是一项土壤重要的物理性状，其对作物根系的生长环境(包括渗透性、通气性和土壤养分的释放)有很大的影响。台州市耕地土壤质地有较大的变化，质地类型有黏壤土、壤土、沙壤土、粉壤土、黏土和沙土。以黏土和壤土为主，二者面积分别占29.2%和27.5%；黏壤土、沙壤土和沙土也有较高的比例，面积分别占10.7%、16.1%和9.3%；另有7.2%的耕地土壤属于粉壤土。总体上，临海市耕地土壤的质地主要属于壤土类，较为适宜。

（二）容重

台州市耕地耕作层土壤容重主要位于0.9~1.3g/cm³，平均为1.14g/cm³，变异系数为12.3%。其中，土壤容重在0.9~1.1g/cm³的耕地面积占36.7%；土壤容重在1.1~1.3g/cm³的耕地面积占56.1%。土壤容重小于0.9g/cm³和大于1.3g/cm³的耕地面积分别占1.2%和6.0%。不同土壤之间的容重有一定的差异，这与土壤质地和结构不同有关。总体上，多数台州市耕地土壤的容重基本适于作物生长，但有少量耕地土壤的容重偏高（图4-1）。

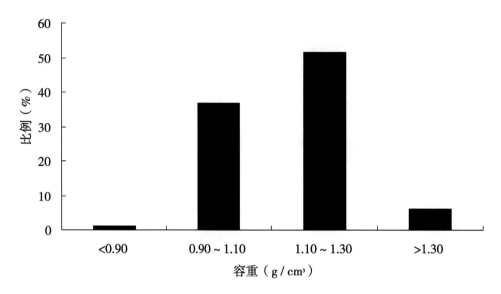

图4-1　台州市耕地土壤容重组成

（三）耕作层厚度

台州市耕地耕作层厚度多在8~22cm，平均为16.8cm，变异系数为15.83%；主要位于12~20cm。据统计，耕层厚度为8~12cm、12~16cm、16~20cm和>20cm的耕地面积比例分别为8.34%、34.94%、56.50%和0.22%。

三、土壤化学性质

（一）酸碱度（pH值）

土壤酸碱度是影响耕地土壤肥力和农作物生长的一个重要因素。土壤中有机质的合成与分解、营养元素的转化与释放，微生物活动以及微量元素的有效性等都与土壤碱度有密切关系。由于母质来源、成土环境条件及管理措施的不同，台州市耕地土壤酸碱度有较大的变化，最低值为3.10，最高pH值为9.28，相差达6.18个pH值单位。耕地土壤的pH值平均为5.93，变异系数为19.7%。总体上，台州市耕地土壤pH值以酸性至微酸性为主。

图4-2为台州市耕地土壤pH值的分级分布。从图可知，耕地土壤的pH值以酸性和微酸性为主，主要在6.5以下，土壤pH值在4.5~5.5和5.5~6.5的耕地比例分别为35.71%和27.07%，土壤pH值在4.5以下的耕地比例占9.17%，三者共占71.95%；土壤pH值6.5~7.5的耕地比例为14.82%；土壤pH值7.5~8.5的耕地比例为11.87%；而土壤pH值>8.5的耕地比例较低，只占1.36%。总体上，台州市耕地土壤酸化明显。

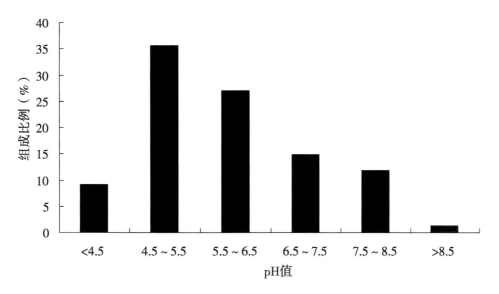

图4-2　台州市耕地土壤pH值的分级分布

（二）水溶性盐总量

台州市耕地表层土壤有一定的水溶性盐分积累，且有较大的变化，在0.04~15.30g/kg，平均为0.64g/kg，变异系数为101.6%。据统计，有86.02%的耕地土壤水溶性盐分含量在1g/kg以下；有11.77%的耕地土壤水溶性盐分含量在1~2g/kg，另有2.20%的耕地土壤水溶性盐分含量在2g/kg以上，说明有少量耕地土壤存在盐的潜在危害（图4-3）。

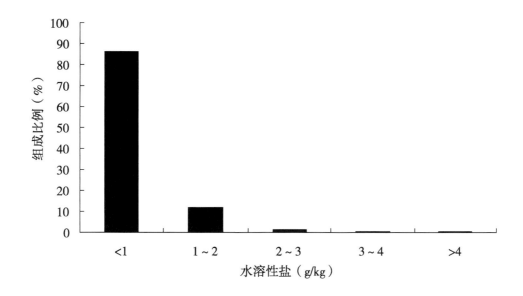

图4-3　台州市耕地土壤水溶性盐分含量的分级分布

(三)阳离子交换量

土壤的阳离子交换量主要决于定下列因素：一是胶体含量：土壤质地愈黏重，所含矿质胶体数量愈多，则交换量常愈大，故黏土的阳离子交换量通常比沙土和壤土的大。二是胶体种类：各类土壤胶体的阳离子交换量相差悬殊，2∶1型矿物的阳离子交换量明显高于1∶1型矿物。三是土壤酸碱度(pH值)：由于可变电荷的存在，土壤阳离子交换量随pH值的升高而增加。因此，土壤有机质和黏粒较高的土壤常常有较高的CEC。

分析表明，台州市耕地土壤的CEC在3.80~43.80cmol(+)/kg，平均为13.32cmol(+)/kg，变异系数为35.8%。土壤CEC在15~20cmol(+)/kg的耕地占29.03%；土壤CEC在15cmol(+)/kg以下的耕地占62.85%，其中，土壤CEC在10cmol(+)/kg和5cmol(+)/kg以下的耕地分别占31.32%和0.76%，土壤CEC在20cmol(+)/kg以上的耕地只占8.12%。这一结果表明，台州市耕地土壤CEC基本上处于中等偏下水平，土壤保蓄能力偏低(图4-4)。

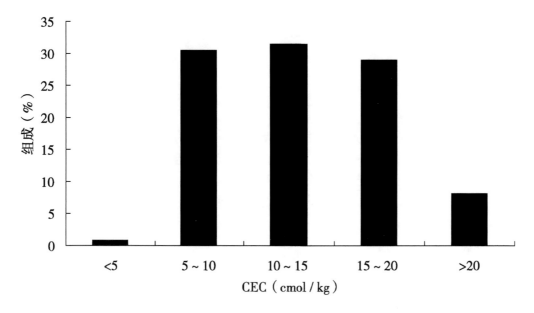

图4-4 台州市耕地土壤CEC的分级分布

四、土壤有机质

土壤有机质不仅对土壤结构、容重、耕性有重要影响，而且是土壤养分的潜在来源，对土壤的保肥性和供肥性有很大的影响。耕地土壤有机质的高低不仅与土壤培肥管理措施有关，也受水热条件、母质等因素有关。统计表明，台州市耕地土壤有机质含量变化较大，在0.50~148.70g/kg，平均为29.29g/kg，变异系数为43.3%。图4-5表明，台州市耕地土壤有机质主要在20~40g/kg。土壤有机质含量在30~40g/kg的耕地比例占26.30%，土壤有机质含量在20~30g/kg和10~20g/kg的耕地分别占29.90%和22.89%；土壤有机质在40g/kg以上的耕地比例为19.34%；土壤有机质含量在10g/kg以下的耕地只占3.57%。结果表明，台州市耕地土壤有机质含量基本上处于中量和中上水平，但有机质含量低于20g/kg的土壤也占全市耕地土壤的1/4左右。

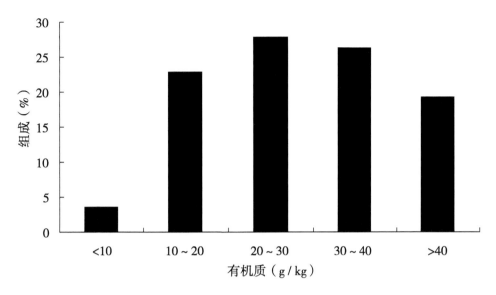

图4-5　台州市耕地土壤有机质含量的分级组成

五、土壤养分

（一）氮素

统计表明，台州市耕地土壤全N含量在0.02~5.88g/kg，平均为1.70g/kg，变异系数为49.4%。土壤全N处于高量（>2g/kg）的耕地比例占30.92%，其中，高于全N>2.5g/kg的耕地比例为15.94%，全N处于高水平(2~2.5g/kg)的耕地比例为14.98%；土壤全N处于中等(1.5~2.0g/kg)的耕地比例为21.67%；土壤全N处于较低(1.5~1g/kg)的耕地比例也较高，为25.65%；土壤全N处于很低(<1.0g/kg)的耕地比例占21.76%（图4-6）。总体上，台州市耕地土壤全N含量基本上处于中量和中下水平，有近一半(47.41%)的耕地土壤全N在1.5g/kg以下，表明有较大面积的耕地土壤缺氮。

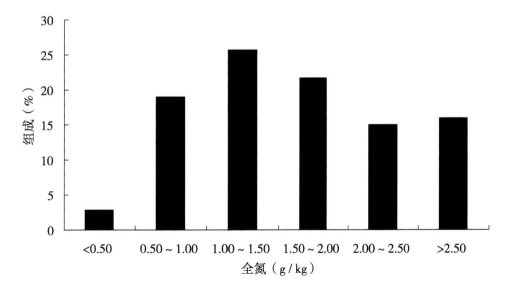

图4-6　台州市耕地土壤全氮含量的分级组成

台州市耕地土壤有效氮（碱解氮）含量在6.00~514.00mg/kg，平均为136.30mg/kg，变异系数为38.5%。土壤有效N处于高量（＞150mg/kg）的耕地比例占36.16%，其中，高于有效N＞200mg/kg的耕地比例为11.24%，有效N处于中水平（90~150mg/kg）的耕地比例为43.25%；有效N处于低等（＜90mg/kg）的耕地比例为20.59%（图4-7）。总体上，台州市耕地土壤有效N含量基本上处于中量和中下水平，有近一半（42.12%）的土壤有效N在120mg/kg以下，有较大面积的耕地土壤有效氮不足。

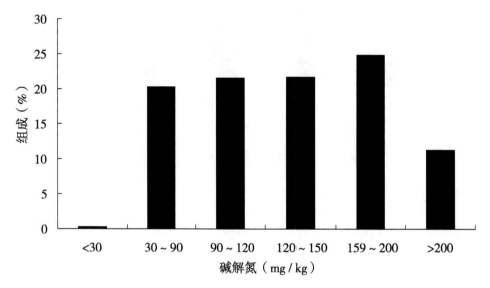

图4-7 台州市耕地土壤有效氮含量的分级组成

（二）磷素

本次调查采用两种方法测定有效磷，中性和碱性土壤采用Olsen-P（图4-8）；酸性土壤采用Bray-P（图4-9）。统计表明，台州市耕地土壤有效P含量变化非常大，其中，Olsen P在0.10~919.00mg/kg，平均为54.64mg/kg，变异系数达142.4%。Bray P在0.10~1415.30mg/kg，平均为55.09mg/kg，变异系数达169.8%。

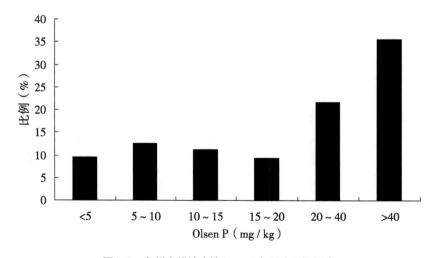

图4-8 台州市耕地土壤Olsen P含量的分级组成

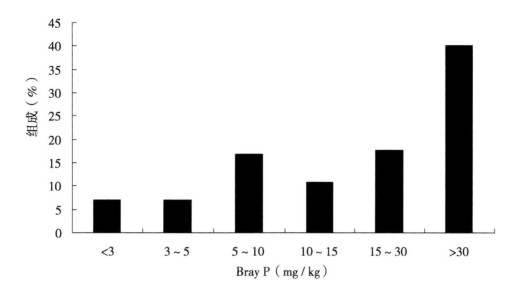

图4-9　台州市耕地土壤Bray P的分级组成

　　从整个台州市来看（图4-8），耕地土壤Olsen P处于低级别（<10mg/kg）的比例为21.91%，其中低于5mg/kg的占9.43%；处于中等（10~20mg/kg）的占20.72%；处于高（20~40mg/kg）或很高（40mg/kg以上）分别占21.72%和35.65%。耕地土壤Bray P处于低级别（<10mg/kg）的比例为31.08%（图4-9），其中，低于5mg/kg的占14.10%；处于中等（10~15mg/kg）的占10.95%；处于高（20~30mg/kg）或很高（30mg/kg以上）分别占17.69%和40.27%。台州市虽然有大部分耕地的土壤有效P含量处于较高的水平，但仍有1/5以上耕地处于严重缺P状态（<10mg/kg）。

　　（三）钾素

　　台州市耕地土壤速效K含量变化较大，在2~2 269mg/kg，平均值为133.34mg/kg，变异系数达82.0%。耕地土壤速效K处于低级别（<100mg/kg）的比例约占49.15%，其中，低于50mg/kg的比例只有18.11%；处于中等（100~150mg/kg）的占20.52%；处于高（>150mg/kg）的达30.33%

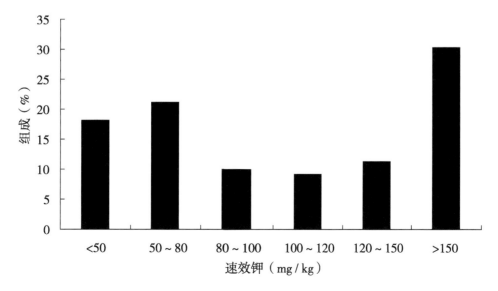

图4-10　台州市耕地土壤速效钾的分级组成

（图4-10）。由此可见，台州市耕地的土壤速效K含量总体趋于中等水平，有1/2左右的耕地存在缺K问题（<100mg/kg）。

第三节 耕地地力指标的空间变化

一、不同县（市、区）耕地地力指标的差异

表4-3至表4-16为分县（市、区）对耕地地力指标的统计结果，从中可知，无论是县（市、区）内还是县（市、区）之间，耕地地力指标都有很大的变化。其中，平均冬季地下水位：温岭市>天台县>玉环县>仙居县>临海市>黄岩区>三门县>路桥区>椒江区；平均地面坡度：仙居县>天台县>玉环县>临海市>温岭市>三门县>黄岩区、椒江区、路桥区；平均耕层厚度：黄岩区>椒江区>临海市>路桥区>三门县>天台县>温岭市>仙居县>玉环县；平均地表砾石度：天台县>黄岩区>玉环县>临海市>温岭市>椒江区>三门县>路桥区、仙居县；平均容重：三门县>椒江区>天台县>临海市>玉环县、温岭市>仙居县>路桥区>黄岩区；平均阳离子交换量：路桥区>椒江区>温岭市>玉环县>三门县>临海市>黄岩区>天台县>仙居县；平均水溶性盐总量：路桥区>温岭市>椒江区>玉环县>三门县>仙居县>黄岩区>临海市>天台县；平均有机质：路桥区>黄岩区>椒江区>温岭市>临海市>仙居县>玉环县>三门县>天台县；平均全氮：黄岩区>温岭市>临海市>仙居县>天台县；平均碱解氮：路桥区>椒江区>玉环县>三门县；平均Olsen-P：三门县>临海市>玉环县>黄岩区>温岭市>椒江区>路桥区>天台县；平均Bray-P：黄岩区>温岭市>仙居县>天台县；平均速效钾：温岭市>路桥区>玉环县>椒江区>临海市>三门县>仙居县>黄岩区>天台县。

表4-3 不同县（市、区）耕地冬季地下水位统计结果（单位：cm）

县（市、区）	最小值	最大值	平均值	标准差	变异系数（%）
黄岩区	37.00	150.00	68.06	27.23	40
椒江区	39.00	85.00	58.22	5.12	9
临海市	41.00	176.00	69.01	12.25	18
路桥区	30.00	90.00	60.29	12.31	20
三门县	34.00	100.00	61.22	7.60	12
天台县	24.00	148.00	93.37	19.82	21
温岭市	31.00	170.00	93.72	20.96	22
仙居县	11.00	882.00	75.74	86.38	114
玉环县	31.00	120.00	82.87	22.97	28

表4-4 不同县（市、区）耕地坡度统计结果（单位：°角）

县（市、区）	最小值	最大值	平均值	标准差	变异系数（%）
黄岩区	/	/	/	/	/
椒江区	/	/	/	/	/
临海市	1.00	5.00	1.49	1.31	88
路桥区	/	/	/	/	/
三门县	0.00	6.00	0.99	1.70	171

县（市、区）	最小值	最大值	平均值	标准差	变异系数（%）
天台县	1.00	26.00	4.93	2.57	52
温岭市	0.00	14.00	1.27	1.94	152
仙居县	1.00	47.00	8.96	7.29	81
玉环县	1.00	34.00	4.61	5.22	113

表4-5　不同县（市、区）耕地耕层厚度统计结果（单位：cm）

县（市、区）	最小值	最大值	平均值	标准差	变异系数（%）
黄岩区	10.00	20.00	17.10	2.80	16
椒江区	13.00	20.00	16.63	1.05	6
临海市	8.00	20.00	16.66	1.93	12
路桥区	12.00	39.00	19.20	1.62	8
三门县	10.00	40.00	14.78	2.96	20
天台县	6.00	30.00	16.24	2.06	13
温岭市	7.00	24.00	16.27	1.50	9
仙居县	9.00	30.00	18.79	2.03	11
玉环县	3.00	15.00	11.96	2.44	20

表4-6　不同县（市、区）耕地地表砾石度统计结果（单位：%）

县（市、区）	最小值	最大值	平均值	标准差	变异系数（%）
黄岩区	4.00	20.00	10.49	3.55	34
椒江区	/	/	/	/	/
临海市	1.00	20.00	4.73	2.86	60
路桥区	/	/	/	/	/
三门县	1.00	13.00	4.34	2.29	53
天台县	1.00	62.00	13.14	5.86	45
温岭市	1.00	35.00	4.56	5.63	123
仙居县	/	/	/	/	/
玉环县	1.00	21.00	4.87	3.80	0.78

表4-7　不同县（市、区）耕地土壤容重统计结果（单位：g/cm³）

县（市、区）	最小值	最大值	平均值	标准差	变异系数（%）
黄岩区	0.81	1.26	1.00	0.04	4
椒江区	0.92	1.50	1.18	0.08	7
临海市	0.79	1.56	1.15	0.10	8
路桥区	0.68	1.52	1.05	0.11	11
三门县	0.93	1.46	1.19	0.06	5
天台县	0.90	1.69	1.17	0.10	8
温岭市	0.85	1.51	1.11	0.09	8
仙居县	0.81	1.32	1.10	0.12	11
玉环县	0.91	1.42	1.11	0.08	7

表4-8　不同县（市、区）耕地土壤阳离子交换量统计结果（单位：cmol/kg）

县（市、区）	最小值	最大值	平均值	标准差	变异系数（%）
黄岩区	4.94	38.12	12.77	3.86	30
椒江区	11.97	28.71	17.34	2.16	12
临海市	6.19	28.17	13.55	4.07	30
路桥区	9.67	25.02	17.49	1.81	10
三门县	4.07	30.39	13.70	3.56	26
天台县	4.49	41.79	10.89	2.44	22
温岭市	4.16	24.63	14.78	3.54	24
仙居县	4.28	24.62	9.28	1.80	19
玉环县	5.13	18.68	14.07	2.07	15

表4-9　不同县（市、区）耕地土壤水溶性盐总量统计结果（单位：g/kg）

县（市、区）	最小值	最大值	平均值	标准差	变异系数%）
黄岩区	0.10	2.39	0.44	0.20	46
椒江区	0.14	2.87	0.70	0.27	39
临海市	0.10	3.93	0.40	0.41	101
路桥区	0.11	3.94	0.80	0.40	50
三门县	0.14	1.60	0.53	0.17	32
天台县	0.10	6.54	0.38	0.53	140
温岭市	0.03	14.50	0.75	0.61	81
仙居县	0.10	1.60	0.52	0.29	56
玉环县	0.10	6.23	0.59	0.47	79

表4-10　不同县（市、区）耕地土壤pH值统计结果

县（市、区）	最小值	最大值	平均值	标准差	变异系数（%）
黄岩区	3.70	9.00	/	0.63	12
椒江区	5.00	8.80	/	0.84	13
临海市	3.30	8.80	/	0.87	16
路桥区	4.50	8.80	/	0.79	12
三门县	3.60	8.30	/	0.90	16
天台县	3.90	7.80	/	0.42	8
温岭市	3.90	8.90	/	1.02	16
仙居县	4.60	6.30	/	0.13	2
玉环县	4.40	9.00	/	0.72	11

表4-11　不同县（市、区）耕地土壤有机质统计结果（单位：g/kg）

县（市、区）	最小值	最大值	平均值	标准差	变异系数（%）
黄岩区	4.49	81.18	37.71	8.96	24
椒江区	11.69	58.03	35.00	7.81	22
临海市	4.27	85.25	33.00	9.21	28
路桥区	10.13	63.85	37.49	8.02	21
三门县	4.74	56.19	25.00	5.92	24

（续表）

县（市、区）	最小值	最大值	平均值	标准差	变异系数（%）
天台县	1.85	46.28	17.33	5.24	30
温岭市	8.48	75.19	33.25	9.08	27
仙居县	6.82	59.12	26.04	5.58	21
玉环县	8.62	64.55	27.60	7.02	25

表4-12　不同县（市、区）耕地土壤全氮统计结果（单位：g/kg）

县（市、区）	最小值	最大值	平均值	标准差	变异系数（%）
黄岩区	0.21	5.88	2.48	0.91	37
椒江区	/	/	/	/	/
临海市	0.27	6.46	1.72	0.53	31
路桥区	/	/	/	/	/
三门县	/	/	/	/	/
天台县	0.19	4.12	1.09	0.29	27
温岭市	0.70	16.34	2.29	1.86	81
仙居县	0.31	3.23	1.51	0.36	24
玉环县	/	/	/	/	/

表4-13　不同县（市、区）耕地土壤碱解氮统计结果（单位：mg/kg）

县（市、区）	最小值	最大值	平均值	标准差	变异系数（%）
黄岩区	/	/	/	/	/
椒江区	57.00	364.00	162.62	38.21	23
临海市	/	/	/	/	/
路桥区	53.00	336.00	167.37	34.72	21
三门县	27.00	264.00	114.32	25.43	22
天台县	/	/	/	/	/
温岭市	/	/	/	/	/
仙居县	/	/	/	/	/
玉环县	34.00	303.00	141.81	33.56	24

表4-14　不同县（市、区）耕地土壤Olsen-P统计结果（单位：mg/kg）

县（市、区）	最小值	最大值	平均值	标准差	变异系数（%）
黄岩区	1.56	230.21	37.05	13.92	38
椒江区	0.60	351.09	25.04	33.39	133
临海市	1.21	472.85	68.36	57.47	84
路桥区	1.32	294.01	24.08	25.21	105
三门县	0.96	729.79	68.39	55.26	81
天台县	0.81	153.94	23.24	16.70	72
温岭市	2.84	302.29	29.62	19.47	66
仙居县	/	/	/	/	/
玉环县	1.62	353.01	56.51	39.86	71

表4-15　不同县（市、区）耕地土壤Bray-P统计结果（单位：mg/kg）

县（市、区）	最小值	最大值	平均值	标准差	变异系数（%）
黄岩区	1.55	756.67	93.75	71.72	77
椒江区	/	/	/	/	/
临海市	/	/	/	/	/
路桥区	/	/	/	/	/
三门县	/	/	/	/	/
天台县	0.71	113.95	17.28	9.82	57
温岭市	1.68	393.56	66.81	54.12	81
仙居县	1.62	315.04	44.25	32.29	73
玉环县	/	/	/	/	/

表4-16　不同县（市、区）耕地土壤速效钾统计结果（单位：mg/kg）

县（市、区）	最小值	最大值	平均值	标准差	变异系数（%）
黄岩区	26.00	747.00	102.68	55.29	54
椒江区	25.00	574.00	138.34	60.07	43
临海市	11.00	551.00	127.10	74.59	59
路桥区	46.00	647.00	152.84	69.55	46
三门县	9.00	774.00	116.70	81.14	70
天台县	20.00	540.00	88.70	32.42	37
温岭市	7.00	792.00	154.59	92.29	60
仙居县	36.00	367.00	112.62	35.01	31
玉环县	20.00	672.00	139.81	81.37	58

二、农业地貌类型对耕地地力指标的影响

　　表4-17至表4-30为分农业地貌类型对耕地地力指标的统计结果，从中可知，地貌类型对耕地地力指标有一定的影响。平均冬季地下水位：高丘＞低丘大畈＞低丘＞中山＞河谷平原大畈＞河谷平原＞滨海平原＞水网平原；平均地面坡度：中山＞低丘＞低丘大畈＞河谷平原大畈＞河谷平原＞高丘＞水网平原＞滨海平原；平均耕层厚度：低丘大畈＞水网平原＞中山＞河谷平原大畈＞滨海平原＞河谷平原＞高丘＞低丘；平均地表砾石度：中山＞高丘＞低丘＞河谷平原＞低丘大畈＞河谷平原大畈＞水网平原＞滨海平原；平均容重：低丘大畈＞中山＞滨海平原、河谷平原大畈＞低丘＞河谷平原＞水网平原＞高丘；平均水溶性盐总量：滨海平原＞水网平原＞河谷平原大畈＞河谷平原、中山＞低丘＞低丘大畈＞高丘；平均阳离子交换量：滨海平原＞低丘大畈＞水网平原＞河谷平原大畈＞低丘＞河谷平原＞高丘＞中山；平均有机质：水网平原＞高丘＞河谷平原大畈＞滨海平原＞河谷平原＞低丘＞低丘大畈＞中山；平均全氮：水网平原＞高丘＞河谷平原＞低丘＞河谷平原大畈＞滨海平原＞低丘大畈＞中山；平均碱解氮：水网平原＞滨海平原＞低丘＞河谷平原；平均Olsen-P：低丘＞河谷平原＞滨海平原＞高丘＞河谷平原大畈＞水网平原＞中山＞低丘大畈；平均Bray-P：高丘＞低丘＞河谷平原＞水网平原＞滨海平原＞河谷平原大畈＞低丘大畈；平均速效钾：滨海平原＞水网平原＞低丘大畈＞低丘＞河谷平原大畈＞河谷平原＞中山＞高丘。

表4-17 不同地貌区耕地冬季地下水位统计结果（单位：cm）

地貌类型	最小值	最大值	平均值	标准差	变异系数（%）
水网平原	30.00	164.00	68.40	25.91	38
滨海平原	30.00	131.00	69.74	14.91	21
河谷平原大畈	41.00	110.00	71.88	11.09	15
低丘大畈	71.00	148.00	109.64	16.67	15
河谷平原	35.00	151.00	69.08	15.26	22
低丘	36.00	175.00	103.45	17.34	17
高丘	68.00	150.00	116.88	18.98	16
中山	60.00	120.00	84.98	21.02	25

表4-18 不同地貌区耕地地面坡度统计结果（单位：°角）

地貌类型	最小值	最大值	平均值	标准差	变异系数（%）
水网平原	0.00	1.00	0.19	0.03	15
滨海平原	0.00	1.00	0.15	0.03	20
河谷平原大畈	0.00	5.00	1.26	0.96	76
低丘大畈	0.00	5.00	2.29	0.94	41
河谷平原	1.00	12.00	1.02	1.74	170
低丘	1.00	34.00	5.80	4.92	85
高丘	2.00	11.00	0.85	2.34	275
中山	2.00	14.00	6.44	2.61	41

表4-19 不同地貌区耕地耕层厚度统计结果（单位：cm）

地貌类型	最小值	最大值	平均值	标准差	变异系数（%）
水网平原	12.00	39.00	17.98	1.74	10
滨海平原	6.00	24.00	16.15	2.45	15
河谷平原大畈	8.00	20.00	16.37	1.60	10
低丘大畈	14.00	24.00	18.57	1.95	10
河谷平原	6.00	22.00	15.76	2.90	18
低丘	3.00	25.00	12.30	3.11	25
高丘	10.00	21.00	13.82	1.80	13
中山	10.00	25.00	16.63	1.85	11

表4-20 不同地貌区耕地土壤地表砾石度统计结果（单位：%）

地貌类型	最小值	最大值	平均值	标准差	变异系数（%）
水网平原	1.00	28.00	2.89	4.59	159
滨海平原	1.00	29.00	1.45	2.15	149
河谷平原大畈	1.00	41.00	5.33	4.99	94
低丘大畈	1.00	12.00	7.04	3.21	46
河谷平原	1.00	62.00	8.42	4.88	58
低丘	3.00	36.00	9.13	5.30	58
高丘	3.00	16.00	11.69	2.68	23
中山	3.00	50.00	13.61	5.13	38

表4-21　不同地貌区耕地土壤容重统计结果（单位：g/cm³）

地貌类型	最小值	最大值	平均值	标准差	变异系数（%）
水网平原	0.76	1.49	1.03	0.08	8
滨海平原	0.68	1.52	1.15	0.09	8
河谷平原大畈	0.79	1.48	1.15	0.10	9
低丘大畈	1.10	1.42	1.24	0.06	5
河谷平原	0.82	1.66	1.10	0.11	10
低丘	0.81	1.59	1.11	0.10	9
高丘	0.89	1.45	1.00	0.12	12
中山	0.90	1.69	1.20	0.10	9

表4-22　不同地貌区耕地土壤水溶性盐总量统计结果（单位：g/kg）

地貌类型	最小值	最大值	平均值	标准差	变异系数（%）
水网平原	0.03	3.38	0.57	0.24	42
滨海平原	0.11	14.50	1.00	0.57	57
河谷平原大畈	0.10	6.42	0.54	0.53	100
低丘大畈	0.10	0.76	0.33	0.13	41
河谷平原	0.10	6.26	0.37	0.25	68
低丘	0.05	3.02	0.35	0.27	79
高丘	0.10	0.50	0.25	0.09	35
中山	0.10	5.84	0.37	0.54	1.47

表4-23　不同地貌区耕地土壤阳离子交换量统计结果（单位：cmol/kg）

地貌类型	最小值	最大值	平均值	标准差	变异系数（%）
水网平原	6.00	32.44	16.51	2.27	14
滨海平原	4.83	28.71	17.05	2.71	16
河谷平原大畈	4.93	19.95	13.83	3.42	25
低丘大畈	10.81	41.79	16.87	5.18	31
河谷平原	4.07	28.17	11.50	3.10	27
低丘	4.89	31.95	11.99	2.64	22
高丘	6.71	38.12	10.67	2.30	22
中山	5.77	40.45	10.24	2.30	22

表4-24　不同地貌区耕地土壤pH值统计结果

地貌类型	最小值	最大值	平均值	标准差	变异系数（%）
水网平原	4.00	8.80	/	0.60	10
滨海平原	4.20	9.00	/	0.76	11
河谷平原大畈	5.00	7.30	/	0.54	9
低丘大畈	5.30	7.70	/	0.52	8
河谷平原	3.60	9.00	/	0.60	11
低丘	4.10	8.40	/	0.63	11
高丘	3.70	6.70	/	0.64	13
中山	3.90	7.10	/	0.37	7

表4-25　不同地貌区耕地土壤有机质统计结果（单位：g/kg）

地貌类型	最小值	最大值	平均值	标准差	变异系数（%）
水网平原	10.06	75.19	38.57	7.67	20
滨海平原	8.62	76.14	31.11	8.54	27
河谷平原大畈	4.14	47.60	31.78	9.30	29
低丘大畈	6.83	30.84	16.43	5.78	35
河谷平原	3.09	81.18	30.49	9.13	30
低丘	5.25	72.28	29.01	9.72	34
高丘	12.07	73.51	35.10	9.97	28
中山	1.85	39.19	16.38	3.78	23

表4-26　不同地貌区耕地土壤全氮统计结果（单位：g/kg）

地貌类型	最小值	最大值	平均值	标准差	变异系数（%）
水网平原	0.72	16.34	2.96	2.31	78
滨海平原	0.65	4.75	1.77	0.48	27
河谷平原大畈	0.19	3.19	1.84	0.62	34
低丘大畈	0.31	2.04	1.07	0.30	28
河谷平原	0.21	5.82	2.02	1.13	56
低丘	0.27	10.85	1.95	0.88	45
高丘	0.80	5.88	2.08	0.61	29
中山	0.19	3.78	1.04	0.26	25

表4-27　不同地貌区耕地土壤碱解氮统计结果（单位：mg/kg）

地貌类型	最小值	最大值	平均值	标准差	变异系数（%）
水网平原	59.00	364.00	177.97	31.31	18
滨海平原	34.00	305.00	147.00	35.25	24
河谷平原大畈	/	/	/	/	/
低丘大畈	/	/	/	/	/
河谷平原	27.00	264.00	120.48	25.00	21
低丘	42.00	303.00	135.79	30.43	22
高丘	/	/	/	/	/
中山	/	/	/	/	/

表4-28　不同地貌区耕地土壤Olsen-P统计结果（单位：mg/kg）

地貌类型	最小值	最大值	平均值	标准差	变异系数（%）
水网平原	0.60	351.09	25.54	25.78	101
滨海平原	0.90	335.96	38.06	32.69	86
河谷平原大畈	2.77	165.29	27.41	19.56	71
低丘大畈	1.58	38.23	17.35	6.80	39
河谷平原	1.26	729.79	63.71	45.54	71
低丘	1.81	353.01	63.82	43.18	68
高丘	1.85	101.64	36.05	18.01	50
中山	1.51	90.06	23.08	13.64	59

表4-29　不同地貌区耕地土壤Bray-P统计结果（单位：mg/kg）

地貌类型	最小值	最大值	平均值	标准差	变异系数（%）
水网平原	1.55	503.81	57.93	54.47	94
滨海平原	4.91	262.49	37.88	15.11	40
河谷平原大畈	1.83	76.92	16.13	10.20	63
低丘大畈	1.13	90.66	11.73	12.63	108
河谷平原	0.71	654.24	76.98	66.28	86
低丘	1.36	756.67	85.72	71.99	84
高丘	2.01	336.92	89.38	57.88	65
中山	/	/	/	/	/

表4-30　不同地貌区耕地土壤速效钾统计结果（单位：mg/kg）

地貌类型	最小值	最大值	平均值	标准差	变异系数（%）
水网平原	15.00	747.00	121.83	54.80	45
滨海平原	19.00	792.00	203.92	85.74	42
河谷平原大畈	40.00	245.00	88.88	23.34	26
低丘大畈	41.00	165.00	102.81	21.45	21
河谷平原	9.00	774.00	85.38	39.28	46
低丘	7.00	634.00	98.43	49.02	50
高丘	26.00	184.00	74.54	24.37	33
中山	20.00	305.00	81.15	31.02	38

三、土壤类型对耕地地力指标的影响

表4-31至表4-44为分土壤类型对耕地地力指标的统计结果。不同土壤类型的耕地地力指标有一定的差别。平均冬季地下水位：黄壤＞紫色土＞基性岩土＞粗骨土＞红壤＞水稻土＞潮土＞滨海盐土；平均地表坡度：黄壤＞粗骨土＞基性岩土＞红壤＞紫色土＞水稻土＞潮土＞滨海盐土；平均耕层厚度：基性岩土＞水稻土＞紫色土＞粗骨土＞潮土＞黄壤＞滨海盐土＞红壤；平均地表砾石度：黄壤＞基性岩土＞紫色土＞红壤＞潮土＞粗骨土＞水稻土＞滨海盐土；平均容重：滨海盐土＞紫色土＞基性岩土、潮土＞红壤、黄壤＞粗骨土＞水稻土；平均阳离子交换量：滨海盐土＞水稻土＞潮土＞基性岩土＞紫色土＞红壤＞粗骨土＞黄壤；平均水溶性盐总量：滨海盐土＞潮土＞水稻土＞粗骨土＞黄壤＞红壤＞基性岩土＞紫色土；平均有机质：水稻土＞黄壤＞粗骨土＞红壤＞潮土＞滨海盐土＞紫色土＞基性岩土；平均全氮：水稻土＞黄壤＞粗骨土＞红壤＞潮土＞滨海盐土＞紫色土＞基性岩土；平均碱解氮：水稻土＞粗骨土＞红壤＞潮土＞黄壤＞滨海盐土；平均Olsen-P：粗骨土＞红壤＞潮土＞水稻土＞滨海盐土＞黄壤＞紫色土＞基性岩土；平均Bray-P：红壤＞黄壤＞粗骨土＞滨海盐土＞水稻土＞潮土＞紫色土＞基性岩土；平均速效钾：滨海盐土＞潮土＞水稻土＞粗骨土＞红壤＞紫色土＞黄壤＞基性岩土。

表4-31 不同土壤类型耕地冬季地下水位统计结果（单位：cm）

土类	最小值	最大值	平均值	标准差	变异系数（%）
滨海盐土	30.00	128.00	63.52	10.43	16
潮土	14.00	248.00	68.53	22.73	33
粗骨土	15.00	499.00	92.06	67.84	74
红壤	12.00	882.00	85.09	38.90	46
黄壤	15.00	497.00	104.93	52.93	50
基性岩土	65.00	118.00	96.11	15.18	16
水稻土	11.00	821.00	71.11	29.42	41
紫色土	16.00	494.00	99.82	50.36	50

表4-32 不同土壤类型耕地坡度统计结果（单位：度）

土类	最小值	最大值	平均值	标准差	变异系数（%）
滨海盐土	0.00	3.00	0.46	0.13	28
潮土	2.00	5.00	1.03	0.24	23
粗骨土	1.00	44.00	6.03	6.60	109
红壤	1.00	45.00	4.29	4.95	115
黄壤	3.00	44.00	7.37	5.69	77
基性岩土	3.00	9.00	5.09	1.27	25
水稻土	1.00	47.00	1.71	3.45	201
紫色土	0.00	34.00	4.41	3.96	90

表4-33 不同土壤类型耕地耕层厚度统计结果（单位：cm）

土类	最小值	最大值	平均值	标准差	变异系数（%）
滨海盐土	6.00	24.00	15.91	3.37	21
潮土	5.00	30.00	16.37	2.36	14
粗骨土	4.00	30.00	16.57	3.52	21
红壤	3.00	30.00	15.51	3.06	20
黄壤	10.00	25.00	16.05	2.69	17
基性岩土	16.00	22.00	17.12	1.39	8
水稻土	5.00	40.00	16.96	2.32	14
紫色土	12.00	24.00	16.66	2.10	13

表4-34 不同土壤类型耕地地表砾石度统计结果（单位：%）

土类	最小值	最大值	平均值	标准差	变异系数（%）
滨海盐土	1.00	9.00	1.22	1.49	123
潮土	9.00	62.00	5.03	6.50	129
粗骨土	2.00	31.00	4.81	5.36	112
红壤	2.00	49.00	7.35	5.41	74
黄壤	5.00	33.00	12.76	6.98	55
基性岩土	5.00	19.00	11.14	3.49	31
水稻土	1.00	62.00	4.41	5.18	117
紫色土	5.00	24.00	8.69	5.67	65

表4-35 不同土壤类型耕地容重统计结果（单位：g/cm³）

土类	最小值	最大值	平均值	标准差	变异系数（%）
滨海盐土	0.97	1.50	1.25	0.09	7
潮土	0.81	1.54	1.16	0.10	8
粗骨土	0.83	1.49	1.12	0.10	9
红壤	0.81	1.69	1.13	0.10	9
黄壤	0.81	1.68	1.13	0.15	13
基性岩土	1.10	1.21	1.16	0.03	3
水稻土	0.68	1.66	1.11	0.10	9
紫色土	0.97	1.63	1.18	0.08	7

表4-36 不同土壤类型耕地阳离子交换量统计结果（单位：cmol/kg）

土类	最小值	最大值	平均值	标准差	变异系数（%）
滨海盐土	7.04	24.00	15.76	2.20	14
潮土	4.07	32.44	13.17	4.07	31
粗骨土	4.40	21.81	11.28	2.87	25
红壤	4.26	28.87	11.66	2.81	24
黄壤	4.58	38.12	10.16	2.13	21
基性岩土	8.24	14.61	12.97	2.22	17
水稻土	4.16	41.79	14.24	4.09	29
紫色土	6.01	31.95	12.13	3.58	30

表4-37 不同土壤类型耕地水溶性盐总量统计结果（单位：g/kg）

土类	最小值	最大值	平均值	标准差	变异系数（%）
滨海盐土	0.22	6.23	1.20	0.65	55
潮土	0.08	14.50	0.64	0.70	110
粗骨土	0.09	3.58	0.50	0.34	69
红壤	0.05	8.01	0.40	0.37	93
黄壤	0.10	6.54	0.48	0.72	149
基性岩土	0.13	0.67	0.37	0.15	40
水稻土	0.03	6.43	0.56	0.40	72
紫色土	0.10	5.59	0.33	0.25	77

表4-38 不同土壤类型耕地pH值统计结果

土类	最小值	最大值	平均值	标准差	变异系数（%）
滨海盐土	4.10	9.00	/	0.70	9
潮土	3.60	9.00	/	1.18	19
粗骨土	3.30	8.60	/	0.69	12
红壤	3.40	8.60	/	0.67	12
黄壤	4.00	6.60	/	0.38	7
基性岩土	4.80	6.00	/	0.30	5
水稻土	3.60	8.80	/	0.85	15
紫色土	4.50	7.80	/	0.55	10

表4-39　不同土壤类型耕地有机质统计结果（单位：g/kg）

土类	最小值	最大值	平均值	标准差	变异系数（%）
滨海盐土	6.18	49.25	22.32	6.88	31
潮土	1.85	68.62	25.25	8.85	35
粗骨土	7.22	85.25	29.91	8.13	27
红壤	4.27	81.80	28.50	9.33	33
黄壤	8.69	73.51	30.33	13.93	46
基性岩土	8.59	17.79	14.70	2.30	16
水稻土	3.74	85.11	31.83	10.15	32
紫色土	3.74	38.56	17.88	6.05	34

表4-40　不同土壤类型耕地全氮统计结果（单位：g/kg）

土类	最小值	最大值	平均值	标准差	变异系数（%）
滨海盐土	0.45	2.73	1.32	0.69	52
潮土	0.19	8.24	1.46	0.76	52
粗骨土	0.31	6.61	1.71	0.63	37
红壤	0.21	13.81	1.68	0.89	53
黄壤	0.36	5.88	1.83	1.03	56
基性岩土	0.76	1.24	1.05	0.12	11
水稻土	0.19	16.34	1.92	1.30	68
紫色土	0.19	3.59	1.14	0.34	30

表4-41　不同土壤类型耕地碱解氮统计结果（单位：mg/kg）

土类	最小值	最大值	平均值	标准差	变异系数（%）
滨海盐土	34.00	226.00	100.47	31.18	31
潮土	27.00	249.00	117.70	40.84	35
粗骨土	73.00	241.00	139.59	28.67	21
红壤	34.00	302.00	135.45	34.18	25
黄壤	108.00	111.00	109.50	1.73	2
基性岩土	/	/	/	/	/
水稻土	32.00	364.00	154.67	35.92	23
紫色土	/	/	/	/	/

表4-42　不同土壤类型耕地Olsen-P统计结果（单位：mg/kg）

土类	最小值	最大值	平均值	标准差	变异系数（%）
滨海盐土	4.53	256.43	43.28	30.36	70
潮土	1.69	444.21	57.59	53.25	92
粗骨土	3.88	335.96	65.88	44.50	68
红壤	1.02	472.85	61.36	51.09	83
黄壤	2.51	283.82	35.40	24.37	69
基性岩土	6.19	34.56	14.08	8.15	58
水稻土	0.60	729.79	43.47	43.31	100
紫色土	1.29	83.16	15.54	11.90	77

表4-43　不同土壤类型耕地Bray-P统计结果（单位：mg/kg）

土类	最小值	最大值	平均值	标准差	变异系数（%）
滨海盐土	11.18	262.49	53.90	22.28	41
潮土	1.18	382.42	51.80	40.78	79
粗骨土	3.98	352.54	68.64	49.97	73
红壤	1.62	756.67	77.45	63.37	82
黄壤	5.34	342.63	76.22	45.32	59
基性岩土	5.58	7.30	6.44	0.96	15
水稻土	0.71	623.78	53.09	47.20	89
紫色土	1.45	307.14	24.34	24.39	100

表4-44　不同土壤类型耕地速效钾统计结果（单位：mg/kg）

土类	最小值	最大值	平均值	标准差	变异系数（%）
滨海盐土	21.00	792.00	266.51	111.03	42
潮土	11.00	774.00	151.75	85.08	56
粗骨土	14.00	634.00	116.56	56.45	48
红壤	7.00	764.00	103.29	51.15	50
黄壤	24.00	310.00	86.18	37.05	43
基性岩土	43.00	110.00	81.10	18.26	23
水稻土	7.00	747.00	128.56	70.93	55
紫色土	36.00	302.00	88.22	30.01	34

第五章　耕地地力提升与保育

第一节　台州市耕地存在的主要问题

一、主要养分丰缺状况

台州市耕地土壤pH值以酸性至微酸性为主，土壤pH值在4.5~5.5和5.5~6.5的耕地比例分别为35.71%和27.07%，土壤pH值在4.5以下的耕地比例占9.17%，三者共达71.95%。土壤的CEC在3.80~43.80cmol(+)/kg，平均仅为13.32cmol(+)/kg，基本上处于中等偏下水平，土壤保蓄能力偏低。土壤有机质含量变化较大，在0.50~148.70g/kg，平均为29.29g/kg，主要在20~40g/kg；但土壤有机质低于20g/kg的耕地占全市的1/4左右。全N含量基本上处于中量和中下水平，有近一半(47.41%)的耕地土壤全N在1.5g/kg以下，表明有较大面积的耕地土壤存在缺氮。耕地土壤有效P含量变异非常大，虽然有大部分耕地的土壤有效P含量处于较高的水平，但仍有1/5以上耕地处于严重缺P状态(<10mg/kg)。耕地土壤速效K含量变化较大，在2~2 269mg/kg，平均值为133.34mg/kg，土壤速效K含量总体趋于中等水平，但仍有1/2左右的耕地存在缺K问题(<100mg/kg)。

二、耕地地力现状与主要障碍因素分析

台州市耕地地力较高，一等、二等和三等的耕地比例分别为31.9%、64.9%和3.2%，一等和二等地占绝对优势。但该市耕地地力还存在不少限制因素。山地旱耕地的主要障碍因素是地面坡度较大、水土流失严重，且雨水多而集中，造成水土流失使耕作层变浅而砾石多，土壤养分缺乏。水田的主要障碍因素有三个方面：一是平原水田土壤涝、潜、渍害。境内水网平原为典型的易涝区，遇台风时，排水不畅，形成洪涝。在大田、邵家渡和江南等地分布的脱潜型水稻土，地势力相对较低，地下水位较高，土壤剖面存在上层渍害、下层潜害的现象。二是耕作层浅薄，与长期浅旋耕有关，降低了土壤的蓄水保肥能力。三是氮磷钾养分的不均衡。此外，部分耕地土壤还存在漏(漏水漏肥)、黏(土壤质地黏重板结，耕作性能差)、酸(土壤pH值<5.5)等问题。

同时，由于种植业的比较效益较低，农民存在追求短期效益，重用轻养，甚至掠夺性经营。施肥上重化肥轻有机肥。农田过量使用化肥、农药，以及污水灌溉、固体废物(如薄膜)残留，致使土壤受严重污染。同时水土流失造成土层减薄，养分冲刷，土壤肥力减退。由于缺乏管理资金，导致部分农田水利设施陈旧老化。

第二节　耕地地力提升的思路与措施

本次耕地地力评价，全面摸清了台州市耕地生产能力、土壤肥力状况和土壤障碍因素，这为制定全市粮食发展规划、农业结构调整规划、耕地质量保护与建设、耕地改良利用、科学施肥以及管理机制提供了科学依据。台州市耕地资源数量十分有限，要增加农业生产能力，依靠扩大耕地面积并不现实，提升耕地地力才是农业增产的重要途径。

一、耕地地力提升的思路

以科学发展观为指针，发展生态农业和有机农业，采取农艺措施和工程措施，增强农田基础设施建设，增加有机肥料的投入量，逐年增加土壤耕作层的厚度，增大科学施肥培训力度，增进农田质量监测管理，平衡土壤养分，提升标准农田质量。

二、耕地地力提升的技术路线

大力发展以设施农业、生态农业、有机农业、精准农业为载体的具有高效生态特征的现代农业。一是广泛采用生态农业技术，大力推广高效种养技术、保护性耕作技术、秸秆还田技术、农业废弃物利用技术、精准农业技术、绿色无公害农产品生产技术；以及农作物有害生物综合治理技术、配方施肥技术、平衡施肥技术、秸秆气化技术、沼气工程技术、环境无害化处理技术、有机生态型无土栽培技术等。二是因地制宜地推广不同类型的生态农业和有机农业模式建设，建立节地、节水、节肥、节药的农业生产方式，广泛使用有机肥、生物农药，重点发展种养结合的农业循环经济，发展农作物间套轮种植模式、农林复合系统立体种植模式、稻鸭共育稻渔立体种养复合生态模式、生态观光农业模式等高效生态农业模式。三是扩大设施农业、生态农业、有机农业生产基地规模，建立养分良性循环的种植模式。

三、耕地地力提升的关键环节

加强农业生态环境综合整治和强化农业面源污染治理。一是控制和消除工业"三废"排放。整治农村的拆解业，从根本上消除污染源。二是强化农业面源污染治理。科学使用农药化肥，以实施化肥、农药减量增效工程和"五水共治"为突破口，大力推广无公害生产技术，测土配方施肥技术，建立平衡施肥示范区，提高肥料的利用率；推广施用高效低毒农药和生物农药；大力提倡使用有机肥料、生物农药，加强农民科学施肥、用药技术的培训，普及安全施肥、用药知识，从根本上减少化肥农药在土壤中的残留。三是开展农业废弃物的综合利用。结合农村沼气能源的综合开发利用，大力开展农业废弃物综合利用，重点推广畜禽养殖废弃物的减量化、无害化处理和资源化利用。大力推广秸秆还田、秸秆过腹还田和利用秸秆栽培食用菌后再还田技术，改善农业生态环境条件。

四、耕地地力提升的主要途径

增强农田基础设施建设，增加有机肥料的投入量，增加土壤耕作层的厚度，增大科学施肥培训力度，增进农田质量监测管理，达到提升耕地地力质量的目标。在渍水整治方面应搞好农田水利建设，做好渠系配套，降低地下水位；增施有机肥，实行水旱轮作，深耕治渍增磷。在有机质提升方面应增施有机肥，推广绿肥种植技术，增加绿肥播种面积，增加土壤有机质积累。在酸、碱性土壤治理方面，酸性土壤减少硫酸铵等化肥施用量，适施石灰等碱性肥料，施用化学调节剂等；碱性土壤，种植冬绿肥，平整土地，降低地下水位，水旱轮作，增施有机肥，深耕熟化土壤等。对于新围海涂土壤，应该采取整治排灌渠道，降低地下水位；种植绿肥加速脱盐；增施磷钾肥等手段。

综合采取农艺措施和工程措施，重点做好标准农田质量提升，实施三大工程项目：一是农业科技示范园区项目。以发展园区经济为目标，农业设施工程为主体，高新技术和先进实用技术为支撑，积极培育以设施农业、精品农业、生态农业、有机农业等为支柱的园区产业，使高端生产力、高端生产要素的能量在园区得到更好地释放。二是优质农产品生产基地建设项目。以建立生产基地为核心，提升标准农田质量。严格按照农业标准化组织生产，重点发展粮油、蔬菜、水果等绿色农产品规模化生产基地。三是农业生态环境及基础设施建设项目。大力开展农业生态环境及基础设施平台建设，重点抓好农业面源污染综合治理、小流域治理、生态公益林建设、绿色通道和农田防护林体系建设、土地开发与整理、标准农田建设、农田水利建设、现代农业工程等项目，合理开发和保护土地、水资源，提高农业资源生产率和抵御自然灾害的能力。

通过耕地地力提升，实现耕地资源从粗放型利用向集约型利用的根本转变，保持耕地总量的动态平衡，优化耕地利用结构和布局，使耕地资源开发与保护取得较大成效，充分挖掘耕地资源潜力，进一步提高土地生产力，为经济、社会的可持续发展创造良好的土地条件。

第三节　中低产田的改造和高产水稻土的培育

针对台州市耕地土壤的存在问题，在中低产田改造时，应重点做好以下几方面工作。一是农田抗旱排涝治理：搞好农田水利建设，做好渠系配套；做好道路的修整。二是有机质含量低田块：增施有机肥，增加土壤有机质等。三是耕层厚度薄田块：增加客土，深耕。四是黏土治理：降低地下水位；掺砂客土；增施有机肥，实行水旱轮作，深耕治渍增磷。五是酸性土壤治理：酸性土壤减少硫酸铵等化肥施用量，适施石灰等碱性肥料，施用化学调节剂等。

一、滨海盐土的改良与利用

（一）新围滨海盐土的洗盐熟化改良

台州市东部为东海之滨，地势平坦，母质为浅海沉积物，有不同时期围垦的海涂。由于成土时间短，土壤均有不同程度的盐碱危害，且土壤有机质低下，缺氮、缺磷较为明显，土质黏重、坚实。这类土壤的利用或为荒地或已被耕为耕地用于旱作和种植果树，在改良利用时应以洗盐、淡化和培肥为主要方向。做好涵洞建设，防海水倒灌；平整土地，开挖灌排渠道，以利洗盐排碱，加快土壤和地下水淡化；积极种植耐盐的绿肥或套种绿肥，配施磷肥，增施有机肥，培肥土壤。并注意铁等微肥的施用，预防作物缺铁。

1.灌溉洗盐

许多盐碱土地下水位高，可采用修建明渠、竖井、暗管排水降低地下水位。盐分一般都累积在表层土壤，通过灌溉将盐分淋洗到底层土壤，再从排水沟排出。

2.培肥改良

采用多种途径增加土壤有机物质的投入。

（1）发展冬绿肥。推广种植冬绿肥，包括紫云英、蚕豌豆、黑麦草等。及时压青翻压或老熟收籽后还田，翻耕后灌水。要求每亩压青鲜草2000kg左右或老熟全部还田，压青翻压要配施石灰和速效氮肥。

(2) 实施传统秸秆还田。作物收获后将秸秆直接还田，要求每亩还田秸秆干重在375kg左右，并及时翻压。

(3) 秸秆快速腐熟还田。应用秸秆腐熟剂将秸秆快速腐熟还田的新技术，要求秸秆全量还田并且亩施秸秆腐熟剂2kg。

(4) 增施商品有机肥。应用商品有机肥要求每亩用量：水稻田200kg以上，蔬菜地300kg以上。

(5) 增施农家肥。提倡应用农家肥，包括厩肥、堆肥、饼肥、沤肥、泥肥、沼气肥等。要求每亩用量折厩肥750kg以上。全面推广测土配方施肥技术，以畈为单位，提出不同作物施肥建议，制订配方施肥建议卡，推广应用配方肥，重视氮肥和磷肥的施用。

3. 平整土地

地面不平是形成盐斑的重要原因，平整土地有利于消灭盐碱斑，还有利于提高灌溉的质量，提高洗盐的效果。同时，通过深耕，逐年增加耕作深度，促进土壤熟化。

4. 化学改良

一般通过施用氯化钙、石膏和石灰石等含钙的物质，以代换胶体上吸附的钠离子，使土壤颗粒团聚起来，改善土壤结构。也可施用硫磺、硫酸亚铁、硫酸铝、石灰硫磺和腐植酸等酸性物质，中和土壤碱性。

(二) 滨海平原土壤的培肥改良

这一类土壤位于滨海平原内侧的广阔地带，地势平坦，河道密布，是重要的农业区。土壤类型以水稻土为主，其次为潮土，土壤包括淡涂泥田和淡涂泥。主要用于种植西兰花等经济作物和水稻。该类土壤已基本脱盐，主要问题是耕作熟化层较薄，有机质较低，土壤有机质偏低；土壤结构性差，表现为板结。在改良利用时应以培肥为主，增施有机肥，套种绿肥扩大有机肥源，培育土壤肥力，改善土壤耕性、通透性；重视磷肥的施用，磷肥重点在春季作物上施用。同时，搞好农田基本建设，提高抗旱能力。有条件的区域可考虑水旱轮作，以改善土壤物理性质。旱作和果园应注重开沟排水，深翻晒田，逐步加深耕作层。

二、内陆平原耕地的改良

(一) 内陆平原土壤的防涝治渍

台州市的内陆平原包括水网平原、河口平原和河谷平原。因水系发达，河网纵横，水源丰富，是粮、果、蔬菜和淡水鱼的主要产区。这些平原的低洼区域易受洪涝灾害的影响，土质较黏，内排水差，可形成土壤的渍水和潜育化，影响作物的正常生长。在改良利用时应以疏通河道，改善排水系统，抗洪排涝、消除渍害、提高土壤内外排水能力为主，并注重合理水旱轮作，改善土壤物理性状，协调水、肥气之间的矛盾；适当施用有机肥，稳定土壤有机质。

这类耕地需在改善农田基础设施的基础上，通过下列措施提升地力。

1. 开深沟排水

降低地下水位，改善排水条件。

2. 改善土壤通透性

增施有机肥，提高土壤有机质，改善土壤结构性。通过种植冬绿肥、秸秆还田和增施商品有机肥，增加有机肥的投入，维持和增加土壤有机质的含量。有条件的地方，可逐年加入客土(河泥、细砂)，适当掺砂增加土壤的透水性。

3.适度深耕和水旱轮作

通过深耕，加深耕层厚度，改善理化性状，从而形成土壤结构良好、耕层厚度20cm左右、阳离子交换量15cmol/kg以上的耕作层，改善水稻生长环境。适当施用石灰物质，使土壤pH值达到6.5左右。根据土壤N、P、K状况，因缺补缺，促进土地养分平衡。

水网平原区是台州市古老而集约的农业区，土地肥沃；但这一地区土壤质地较黏重和地势较低，土壤囊水性强，通透性差，还原性强。应完善水利设施，采用降水治渍、水旱轮作和增施钾肥等方法提升地力。应全面布局，完善排水系统，采用暗沟、暗管、暗洞相结合，形成良好的排水系统，增强内排水能力，全面降低地下水位。应重点推广秸秆还田、稳定增加有机肥投入；实施排渠工程，提高排涝能力，降低地下水位；实施测土配方施肥，提高科学施肥水平；对于有机质较低的田区块要套种经济绿肥、增加施用商品有机肥，提高土壤有机质。

（二）沿江两岸土壤的增肥

沿江两岸主要是指灵江中下游两岸的狭长地带，土壤类型主要为江涂泥和淡性培泥砂土，土地利用以柑橘为主，成土母质为河流冲积物，同时混有海相沉积物。土壤质地多为中壤至轻黏，土层较厚，排水条件较佳，土壤剖面无障碍层次，大多呈中性和微碱性，适宜柑橘等水果的生长。土壤的主要问题是有机质和氮素较低。在改良利用时，要重视套种绿肥，"以园养园"增加土壤有机质。

（三）河谷平原土壤的防洪增肥

这一类土壤主要分布在灵江中上游、永安溪、始丰溪两岸，以及各大溪流的谷地。土壤主要为培泥砂田、泥砂田、培泥青紫泥田、洪积泥砂田、培泥砂土、洪积泥砂土等。土壤母质以河流冲积物、冲洪积物、洪积物以及二元母质。土壤质地轻松，砂壤至重壤，以中壤为主。土壤有机质多为中等水平，耕性良好。土地的主要利用方式为粮果桑杂。该区土壤的主要存在问题是保肥性能差，存在旱涝威胁，近山溪谷地有冷水和渍害影响。在改良利用时，应从治山治水着手，完善渠系，扩大旱涝保收面积；增施有机肥，按土壤肥力水平施用氮磷钾肥。这些问题必须采取治山治水相结合的方法加以解除。重点做好修筑防洪堤坝，阻挡洪水，并完善渠系，达到能灌能排、旱涝保收的目标。在受冷水影响的区域，需要在治水治水的基础上，在农田周边修堤疏渠，近山地开环山沟，导出冷水潜水，要根除冷水的影响。在做好排灌渠道修整，提高抗旱排涝能力的同时，重点要种植冬绿肥，扩大有机肥源。实施测土配方施肥，提高科学施肥水平；地力低的区块在种植施用冬绿肥的同时，要配套应用秸秆还田和增加商品有机肥。

三、山地丘陵耕地的改良与利用

这一类土壤主要分布在市内的丘陵低山区，土壤主要为红黄壤，地形起伏较大。土地利用方式主要为果园和旱耕地。存在基础设施差、土壤肥力较低和水土流失等问题，水土流失导致土壤向粗骨化、贫瘠化演变，肥熟层较薄；土壤多呈酸性，存在季节性干旱。在耕地改良时应采取综合治理。在治理规划时，要山、水、田综合考虑，田、渠、路、林统一规划，水利先行；加强蓄水池、拦水坝建设，提高抗旱能力。作好农田本身和农田周围的水土保持工作；推广现有的农业科技成果，提高耕地抵抗不良因素的能力，包括以覆盖、耕作为中心的抗旱、避旱的农业技术、辟增有机肥源，套种绿肥，以园养园，提高土壤肥力，作物的合理施用氮磷钾肥、补充微量元素及石灰石粉施用技术。可从以下几方面着手，进行耕地质量提升和土壤地力保育。

1.提高土壤肥力

可通过深耕翻、秸秆覆盖还田，种植绿肥，加厚耕作层，改善耕层的理化性状和养分状况。同时要增施有机肥，广开肥源，实行堆沤肥、秸秆肥、畜粪肥、土杂肥共用，以及粮肥轮作、粮豆轮作。通过深耕培肥，增厚熟化层。

（1）提高土壤有机质。旱坡耕地土壤有机质较低，应增加有机物料的投入。果园地可间作绿肥作物作为有机物料的来源；旱地可采用秸秆采用原位还田，培肥地力，有机肥每年施用1 500~2 000kg／亩；有条件的地方面，也可采用种植与养殖结合的方式，来提高有机物质的投入。

（2）平衡施肥。旱坡地缺钾明显，应重视钾肥的投入，有针对性的施用磷肥及中微量元素，保护土壤养分平衡，降低环境风险。

（3）改善土壤酸性。适当施用石灰质物质中和土壤酸度，消除活性铝毒害。

2.保护性耕作措施

可采用雨季深耕和旱季免耕相结合，改善土壤结构，提高土壤肥力，减少水土流失，降低生产成本，有利于生态环境改善和农业可持续发展。进行合理间套轮作，改善土壤肥力及土壤理化和生物学性状。

3.防止水土流失

采用坡改梯田、梯地的经济植物篱种植等方式防止水土流失。

四、高产水稻土的培肥管理

水稻土是台州市最重要的耕地土壤，因此培育高产水稻土对全面提升这一地区耕地地力有重要的意义。高产水稻土的特点是耕层深厚（20cm左右），犁底层不太紧实，淀积层棱块状结构发达，利于通气透水，剖面中无高位障碍层次（如漂洗层、潜育层或砂砾层）；质地适中，耕性良好，水分渗漏快慢适度，养分供应协调。但高产水稻土仍须有相应的土壤管理措施才能实现高产。总的来看，高产水稻土的培肥管理可归纳为以下几个方面。

1.搞好农田基本建设

这是保证水稻土的水层管理和培肥的先决条件。

2.增施有机肥料，合理使用化肥

水稻土的腐殖质系数虽然较高，而且一般有机含量可能比当地的旱作土壤高，但水稻的植株营养主要来自土壤，所以增施有机肥，包括种植绿肥在内，是培肥水稻土的基础措施。合理使用化肥，除养分种类全面考虑以外，在氮肥的施用方法上也应考虑反硝化作用，应当以铵类化肥进行深施为宜。

3.水旱轮作与合理灌排

这是改善水稻土的温度、Eh值以及养分有效释放的首要土壤管理措施。水稻分蘖盛期或末期要排水烤田，可以改善土壤通气状况，提高地温，土壤发生增温效应和干土效应，使土壤铵态氮增加，这样在烤田后再灌溉时，速效氮增加，水稻旺盛生长。特别是低洼黏土地烤田，效果更显著。

第四节　耕地地力提升技术

一、土壤有机质的维持与提升

（一）有机肥施用对土壤肥力的影响

增加土壤有机质的目的是提高土壤保肥供肥性能和土壤保蓄性能，改善土壤通透性。施有机肥是土壤肥力提高和作物持续高产的基础，它不仅使土壤有机质数量增加，质量改善，而且可有效提高土壤有益微生物的数量和土壤酶的活性。增施有机肥是提高耕地土壤有机质含量的基础和保障。

1. 对土壤养分的影响

土壤有机质含量是反映土壤肥力的重要指标之一，在培肥地力、改善作物品质及食品风味、提高农产品国际市场竞争力等方面具有重要作用。腐殖质是土壤有机质的主体，对于土壤中养分的积蓄、良好结构的形成以及土壤中有害物质毒性的消除等均具有重大的意义。施用有机肥和有机无机配施能够增加松结态、稳结态、紧结态腐殖质的总量，提高松／紧比值，而这也正是有机肥能够培肥土壤的重要原因之一。有机肥－化肥混施的土壤大团聚体含量较多，团聚体稳定性较好，有机质含量较多，土壤容重较小，孔隙搭配合理，水肥能得到有效利用。

土壤中的NO_3-N是植物利用氮素的主要形态，但由于这一形态不易被土壤胶体吸附，一旦氮肥施用过量，氮素就会淋失。有研究表明，不同的有机肥施入量对设施土壤各个土层硝酸盐的累积和淋失影响不同，适宜的有机肥施用会提高土壤的养分状况，增强土壤的氮素供给能力及氮肥利用效率，减少NO_3-N的累积和土壤剖面NO_3-N的垂直迁移。施用高C／N比的牛粪或秸秆可调节土壤C／N，有利于降低氮素的淋失量，从而减少氮素的损失。有机无机氮肥配施可以不同程度降低土壤中硝酸盐含量，减少硝酸盐的淋溶。

土壤磷素可分为有机和无机2种形态，其中，无机磷占土壤全磷的60%~80%。磷肥施入土壤后极易被固定。增施有机肥有利于土壤无机磷向有效态转化，不但会增加土壤无机磷有效态组分的供应强度，还增加了其供应容量，而且Fe、Al、Ca氧化物被腐殖质包裹形成保护层而降低P的吸附，极大地提高了无机磷的有效性。无机肥基础上增施少量优质有机肥不仅能有效提高土壤全磷、无机磷、有机磷及无机磷组分的含量还提高了有效磷源和缓效磷源在无机磷中的比例，增施有机肥可以改善供磷水平。

2. 调节土壤理化性质

有机肥施用可以保持土壤pH值稳定，减缓土壤的酸化进程，增加土壤中>0.25mm的水稳性团聚体的数量，提高土壤碱解氮、有效磷和速效钾含量，改善根际环境，增强土壤保肥供肥能力。有研究表明，施用有机肥后土壤容重降低，致使有效水分、导热率和气体比例得到改善，促进作物生长发育。施用秸秆等有机肥能促进土壤耕层0~20cm有机碳含量增加，可明显降低0~10cm土壤容重。贮水量升高，有利于土壤养分的形成、转移和吸收并且促进有机肥的分解，提高肥料利用率；土壤紧实度降低，改善土壤中土粒间松紧程度，致使土壤氧气供应充足，植物根系延伸阻力减小。

有机肥的施用可增强土壤的保水性和固氮能力，有利于水肥的耦合；增加土壤有机碳、非水稳性团体、水稳性团聚体的含量，有效地提高土壤团聚体的稳定性，改良土壤结构。土壤颗粒有机物是土壤有机质的重要组成部分，而后者对增强土壤中土粒的团聚性、促进团粒结构的形成、调节土壤通气性、以及提高土壤肥力和生产力具有不可替代的作用。

（二）有机质提升途径

土壤有机质提升的方法包括几点。

1. 大力种植绿肥

有针对性地发展种植冬季绿肥、夏季绿肥，稳定和提高绿肥种植面积。冬绿肥主要以紫云英为主，适当兼顾黑麦草、蚕豌豆、大荚箭舌豌豆等菜肥兼用、饲肥兼用、粮肥兼用的经济绿肥。扩大种植如印尼绿豆、赤豆等夏绿肥，逐步建立粮－肥(经、饲)种植模式，或果园套种模式。

2. 大力推广农作物秸秆还田技术

秸秆还田是当今世界普遍重视的一项培肥地力的增产措施，同时也是重要的固碳措施。随着经济的发展和城乡居民生活水平的提高，曾经是燃料的农作物秸秆成了多余之物，有些农民由于怕麻烦，不愿将它还田，直接在田里焚烧，既浪费资源又影响环境。农作物秸秆含有作物生长所必须的全部16种元素，作物秸秆还是土壤微生物重要的能量物质，所以，大力推广秸秆还田技术，不仅能增加土壤养分还能促进了土壤微生物活动，改善土壤理化性状，推广农作物秸秆还田是增加土壤有机质含量，提高土壤地力的有效措施。

农田土壤有机碳变化取决于土壤有机碳的输入和输出的相对关系，即有机物质的分解矿化损失和腐殖化、团聚作用累积的动态平衡与土壤物质迁移淀积平衡的统一。秸秆进入土壤后，在适宜条件下向矿化和腐殖化两个方向进行。矿化，就是秸秆在土壤微生物的作用下，由复杂成分变成简单化合物，同时释放出 CO_2、CH_4、N_2O 和能量的过程；腐殖化，是秸秆分解中间产物或者被微生物利用的形成代谢产物及合成产物，继续在微生物的参与下重新组合形成腐殖质的过程。秸秆在微生物分解作用下，其中一部分彻底矿化，最终生成 CO_2、H_2O、NH_3、H_2S 等无机化合物。一部分转化为较简单的有机化合物（多元酚）和含氮化合物（氨基酸、肽等），提供了形成腐殖质的材料。少量残余碳化的部分，属于非腐殖物质，由芳香度高的物质构成，多以聚合态与黏粒相结合而存在，且相互转化。秸秆降解首先形成非结构物质，主要是较高比例的纤维素、木质素、脂肪、蜡质等难于降解的有机物，其中，大部分转化为富里酸（FA），进而转化为胡敏酸（HA）。分解产物对土壤原有腐殖质进行更新，从腐殖质表面官能团或分子断片开始，逐步进行。非结构物质可与腐殖酸的单个分子产生交联作用，在一定条件下，交联的复合分子可进入腐殖质分子核心的结构中。就秸秆还田的效果来看，目前多数研究均倾向于秸秆还田能够提高土壤有机碳的含量，特别是秸秆和有机肥配合，效果更显著。

在实际应用时，宜重点推广晚稻草覆盖冬绿肥、冬作蔬菜等秸秆综合还田技术。示范推广高留茬、机械粉碎、免耕整草还田和旋耕埋草等多种秸秆还田技术；推广秸秆整草覆盖果园；开展秸秆快速腐熟等新技术示范研究。实行农作物秸秆的半量、全量还田，建立适用于不同地区、不同作物、不同类型的秸秆还田综合利用模式。

3.推广使用商品有机肥

台州市当前生产上使用的商品有机肥主要有两种：一是以城市生活垃圾为主生产的有机肥，二是规模畜禽养殖场的粪便，但这两种商品有机肥使用的覆盖面都不广，主要是一些蔬菜种植大户在用，而对广大的水稻种植散户由于种植面积小加上效益不高，几乎无人应用。近年来，台州市的规模化畜禽养殖发展较快，但由于投入不足等种种原因，其畜禽的粪便都未经任何处理而随意丢弃，不仅造成浪费，而且还成了一大污染源。实际上畜禽的粪便进行简单的处理后即是一种很好的肥料，因此在畜牧养殖小区建设时相应配套一个畜禽粪便处理场所，大力推行畜禽粪便综合利用。

4.大力积造农家肥

进一步推进和完善新农村建设，为积造农家肥创造条件，同时进一步转变广大农民的观念，牢固树立更加科学的观念，为积造和推广使用农家肥营造良好的氛围。在畜禽养殖小区开展粪便初制发酵还田试点，既能增加农田有机肥投入，又能减轻畜禽养殖所带来的环境污染问题。同时鼓励群众施用猪栏肥、土杂肥。

一般来说，有机质提升区域每年应投入有机肥料 1 000kg/667m² 以上；有机质保持区每年有机肥料投入量在 750kg/667m² 以上。

二、土壤养分的平衡

通过科学施肥技术的推广，达到氮磷钾用量合理、比例平衡，中微量元素配套。土壤有效磷含量保持在 30~40mg/kg，速效钾含量达到 100mg/kg 以上。对土壤有效磷在 40mg/kg 以上的耕地，应严格控制磷肥的用量、减少或不施用磷肥；对于土壤有效磷在15mg/kg以下的耕地，应在现有配方施肥的基础上，增加磷肥的用量，以增加土壤有效磷的积累，目标是使土壤有效磷含量保持在20~30mg/kg；对于土壤速效钾在200mg/kg以上的耕地，应严格控制钾肥的施用，目标是平原地区速效钾含量保持在150mg/kg以上，丘陵地区则提升到100~150mg/kg。对于部分酸化的耕地土壤，可适当施用石灰调节土壤pH值，土壤pH值争取调整在6.5~7.5。科学施肥的主要途径为以下几种。

（一）推广测土配方施肥技术

测土配方施肥是以土壤测试和肥料田间试验为基础，根据作物需肥规律、土壤供肥性能和肥料效应，在合理施用有机肥料的基础上，提出氮、磷、钾及中、微量元素等肥料的施用数量、施肥时期和施用方法。同时有针对性地补充作物所需的营养元素，作物缺什么元素就补充什么元素，需要多少补多少，实现各种养分平衡供应，满足作物的需要；达到提高肥料利用率、减少肥料用量、提高作物产量、改善农产品品质、节省劳力、节支增收的目的，从台州市近几年的推广结果来看，测土配方施肥技术能有效地调节和解决作物需肥与土壤供肥之间的矛盾，从而实现农业增产、农民增收、环境友好和农业可持续发展的目的。目前，台州市的测土配方施肥技术主要应用在水稻上，今后要在加大推广力度，在大量土壤测试和试验的基础上，把测土配方施肥技术推广应用到所有大宗作物。根据土壤养分状况，结合种植作物品种的特性，科学制订施肥方案，包括氮磷钾及中微量元素的用量、用法及肥料品种等等。如在水稻化学氮肥施用上要改基蘖施肥法为基蘖穗施肥法；减少基肥及蘖肥施用比重，重施促花肥、适施保花肥。重点推广农作物专用肥料，特别是水稻、茭白、柑橘、茄果类蔬菜等大宗作物的专用肥料。今后要进一步加大投入力度，进一步扩大配方肥的覆盖面。

（二）因地制宜确定合理耕作制度

在台州市的很多地方，初步形成了一村一品的格局。连作在这些地方已成了常态。由于常年种植同一作物（或种植方式），吸收相同的土壤养分，又施用同样的肥料，很容易造成土壤养分不平衡，土壤结构和理化性状变差，进而造成肥料利用率下降、环境污染加重、病虫草害猖獗、作物产量和经济效益下降。应地制宜确定合理的种植制度和土壤耕作制度，实行合理轮作，利于杂草控制和防治病虫害、提高了土壤肥力、增加了土壤有机质，改善土壤结构提高肥料和水的利用效率，是这些地方恢复和提高地力的一条有效措施。根据台州市以往的经验，应以推广稻菜、稻瓜轮作为主的水旱轮作技术为主，在种植一季水稻的基础上，利用冬春季节种植茄果类蔬菜、西瓜等经济作物，既保证了粮食生产，又增加了农民收入。

三、土壤盐渍化治理

（一）滨海盐土的降盐技术

台州市沿海新围地段，以重咸黏土为主，盐分含量高，一般作物不能正常生长。改良措施：主要开沟挖渠，修堤建闸，平整土地，种植田菁、咸草等耐盐作物，使土壤脱盐淡化。改良上应继续加快洗盐的措施，套种冬夏绿肥，增加有机肥，改善土壤结构。其他配套措施包括耕作施肥、覆盖技术、水利措施、化学措施。新围盐土在改良初期，重点应放在改善土壤的水分状况。一般分几步进行，首先排盐、洗盐，降低土壤盐分含量；再种植耐盐碱的植物，培肥土壤；最后种植作物。具体的改良措施如下。

1.排水
许多盐碱土地下水位高，可采用修建明渠、竖井、暗管排水降低地下水位。

2. 灌溉洗盐

盐分一般都累积在表层土壤，通过灌溉将盐分淋洗到底层土壤，再从排水沟排出。

3. 种植水稻

水源充足的地区，可采用先泡田洗碱，再种植水稻，并适时换水，淋洗盐分。在水源不足的地区，可通过水旱轮作，降低土壤的盐分含量。

4. 培肥改良

土壤含盐量降低到一定程度时，应种植耐盐植物如甜菜、向日葵、蓖麻、高粱、苜蓿、棉花等，培肥地力。

5. 平整土地

地面不平是形成盐斑的重要原因，平整土地有利于消灭盐碱斑，还有利于提高灌溉的质量，提高洗盐的效果。

6. 化学改良

一般通过施用氯化钙、石膏和石灰石等含钙的物质，以代换胶体上吸附的钠离子，使土壤颗粒团聚起来，改善土壤结构。也可施用硫磺、硫酸、硫酸亚铁、硫酸铝、石灰硫磺、腐植酸、糠醛渣等酸性物质，中和土壤碱性。

（二）设施蔬菜土壤盐渍化防治技术

近年来，台州市设施蔬菜种植面积有逐年扩大的趋势。设施蔬菜产量高、效益好，但长期种植可引起土壤的盐渍化，影响作物的正常生长。可采取下列技术措施加以防治。

1. 水旱轮作

水旱轮作或隔年水旱轮作在国内外早已普遍采用，也是解决蔬菜土壤盐渍化最为简单、省工、高效的方法。通过瓜菜类、水稻（或水生蔬菜）轮作，通过长时间的淹水淋洗，可有效地减少土壤中可溶性盐分。

2. 灌水、喷淋、揭膜洗盐

在种植制度许可有前提下，设施栽培可利用自然降雨淋浴与合理的灌溉技术，以水化盐，使地表积聚的盐分稀释下淋。为了防止洗盐后返盐现象的出现，还须结合施用有机肥和合理轮作等措施。

3. 其他措施

土壤深翻、增施有机肥和应用土壤改良剂。深翻可增加土壤的透水性，增加盐分的淋失；施有机改良剂能改良土壤结构，改善土壤微生物的营养条件，从而抑制由盐渍等引起的病原菌的生长。滴灌、膜下滴灌和地膜覆盖，可减免土壤中盐分的积累。引起水肥一体化管理技术，可减免土壤盐分的积累。

四、土壤物理障碍因素改良的技术

台州市耕地土壤中常见的土壤物理障碍主要是土壤质地不良、结构性差、紧实板结和耕作层浅薄等。由于成土母质和成土过程的原因，黏粒含量过高和砂粒含量过高的土壤在本市也常有出现，是中低产田生产力低的原因之一。前者的潜在保水保肥能力虽然很强，但如果有机质含量低，土壤结构性很差，通透性不好，不仅失去保水保肥能力，而且还会加剧水肥流失，农艺性状也很低。后者的主要问题是保水保肥能力很低，水肥流失非常严重，农艺性状也不好。

土壤质地层次性不良主要出现在河谷冲积平原。如果表层土壤质地比较黏，而下层土壤质地比较砂，不仅不利于水分保持，而且容易产生径流和漏水漏肥，造成养分流失。如果亚表层土壤质地很轻，称为中间夹砂，虽然通气透水，但保水保肥能力常常很差，容易漏水漏肥，不仅造成水肥利用效率低下，农业生产成本提高，而且所流失的养分还会污染地下水和地表水，造成水体富营养化。如果亚表层土壤质地比较重，称为中间夹黏，不仅不利于根系向下层土壤生长，而且非常容易产生滞涝。

土壤结构性差首先取决于土壤质地，其次与土壤有机质含量密切相关。有机质是土壤颗粒团聚的重要的材料，有机质含量低的土壤，其团粒结构体很少，特别是黏重的土壤。盐土的结构性差主要是由于可溶性盐过多所引起的。不合理灌溉容易导致土壤次生盐渍化，土壤胶体分散，结构体破坏，物理性状很差。长期保护地栽培，由于缺少必要的淋洗，盐分在表层土壤累积，次生盐渍化也十分严重，土壤物理性状很差。长期耕作常常导致犁底层过度紧实，影响根系生长和水分运动。特别是大型机械耕作，非常容易压实土壤，导致土壤板结。不合理的施肥也会导致土壤结构恶化，特别是长期大量地施用单一的化学肥料，土壤物理性质常常很差，保护地的这种现象尤其明显。单一的栽培种植制度也可能引起土壤物理性质恶化，主要原因包括有机物质输入减少，离子平衡破坏等等，从而影响团粒结构体的形成。

（一）土壤质地改良技术

耕地中因耕层过沙或过黏，土壤剖面夹沙或夹黏较为常见，改良十分困难，目前常采用的措施包括以下几点。

1.掺沙掺黏，客土调剂

如果在沙土附近有黏土、河泥，可采用搬黏掺沙的办法；黏土附近有沙土、河沙可采取搬沙压淤的办法，逐年客土改良，使之达到较为理想的状态。

2.翻淤压沙或翻沙压淤

如果夹沙或夹黏层不是很深，可以采用深翻或"大揭盖"的方法，将沙土层或黏土层翻至表层，经耕、耙使上下土层沙黏掺混，改变其土壤质地。同时应注意培肥，保持和提高养分水平。

3.增施有机肥

有机肥施入土壤中形成腐殖质，可增加沙土的黏结性和团聚性，但降低黏土的黏结性，促进土壤团粒结构体的形成。大量施有机肥，不仅能增加土壤中的养分，而且能改善土壤的物理结构，增强其保水、保肥能力。

4.轮作绿肥，培肥土壤

通过种植绿肥植物，特别是豆科绿肥，既可增加土壤的有机质和养分含量，同时能促进土壤团粒结构的形成，改善土壤通透性。在新开垦耕地土壤首先种植豆科作物，是土壤培肥的重要措施。

（二）土壤结构改良技术

良好的土壤结构一般具备以下3个方面的性质：一是土壤结构体大小合适；二是具有多级孔隙，大孔隙可通气透水，小孔隙保水保肥；三是具有一定水稳性、机械稳定性和生物学稳定性。土壤结构改良实际上是改造土壤结构体，促进团粒结构体的形成。常采用的改良技术措施包括以下几点。

1.精耕细作

精耕细作可使表层土壤松散，虽然形成的团粒是非水稳性的，但也会起到调节土壤孔性的作用。

2.合理的轮作倒茬

一般来讲，禾本科牧草或豆科绿肥作物，根系发达，输入土壤的有机物质比较多，不仅能促进土壤团粒的形成，而且可以改善土体的通透性。种植绿肥、粮食作物与绿肥轮作、水旱轮作等等都有利于土壤团粒结构的形成。

3. 增施有机肥料

秸秆还田、长期施用有机肥料，可促进水稳定性团聚体的形成，并且团粒的团聚程度较高，大小孔隙分布合理，土壤肥力得以保持和提高。

4. 合理灌溉，适时耕耘

大水漫灌容易破坏土壤结构，使土壤板结，灌后要适时中耕松土，防止板结。适时耕耘，充分利用干湿交替与冻融交替的作用，不仅可以提高耕作质量，还有利于形成大量水不稳定性的团粒，调节土壤结构性。

5. 施用石灰及石膏

酸性土壤施用石灰，碱性土壤施用石膏，不仅能降低土壤的酸碱度，而且还有利于土壤团聚体的形成。

6. 施用土壤结构改良剂

土壤结构改良剂是根据团粒结构形成的原理，利用植物残体、泥炭、褐煤等为原料，从中提取腐殖酸、纤维素、木质素等物质，作为土壤团聚体的胶结物质，称为天然土壤结构改良剂，主要有纤维素类（纤维素糊、甲基纤维素、羧基纤维素等）、木质素（木质素磺酸、木质素亚硫酸铵、木质素亚硫酸钙）和腐殖酸类（胡敏酸钠钾盐）。也有模拟天然物质的分子结构和性质，人工合成高分子胶结材料，称为人工合成土壤结构改良剂，主要有乙酸乙烯酯和顺丁烯二酸共聚物的钙盐、聚丙烯腈钠盐、聚乙烯醇和聚丙烯酰胺。

（三）深耕和深松技术

耕层是作物生长的第一环境，是生长所需养分、水分的仓库，是支撑作物的主要力量。耕层厚度是衡量土壤地力的极重要指标之一。台州市耕地耕作层厚度平均为16.8cm，主要位于12~20cm，约40%以上的耕地耕作层厚度在16cm以下，与高产粮田所要求的20cm以上有较大的差距。增厚耕层厚度的主要途径：

1. 增加客土

增加客土又有两种方法：一是异地客土法，即将别地方不用的优质耕层土壤移到土层瘠薄的田块，以便重新利用。近年来，台州市有一定数量的优质耕地被征用，大量的优质土壤也随之被埋入地下，这是一种极大的浪费，因此，要尽力利用被用于非农建设的优质表土资源。二是淤泥法，即抽取河道的淤泥用作耕层土壤，这种方法不仅增加了耕层厚度，而且疏通了河道提高了排灌能力，还增加了土壤的有机质和养分含量，一举多得。

2. 深耕

这一方法对有效土层较厚、耕作层相对较浅薄的土壤适用，即通过深耕、深翻等措施增加耕层厚度，同时配合应用增施有机肥、推广秸秆还田和扩种冬绿肥等增施有机肥的技术，提高耕层质量。

深耕应掌握在适宜为度，应随土壤特性、微生物活动、作物根系分布规律及养分状况来确定，一般的以打破部分犁底层为宜（水田不应打破全部犁底层），厚度一般25~30cm。深耕深松是重负荷作业，一般都用大中型拖拉机配套相关的农机具进行。机具必须合理配套，正确安装，正式作业前必须进行试运转和试作业；建议深耕的同时应配合施用有机肥，以利用培肥地力。深耕深松要在土壤的适耕期内进行。深耕的周期一般是每隔2~3年深耕一次。深耕深松的同时，应配施有机肥。由于土层加厚，土壤养分缺乏，配施有机肥后，可促进土壤微生物活动，加速土壤的肥力的恢复。前作是麦类作物或早稻，收获时可先用撩穗收割机将秸秆粉碎机耕还田。前作是绿肥的可使用秸秆还田机将绿肥打碎机耕还田。

五、耕地土壤酸度的校正

(一) 土壤酸化的危害

土壤酸化对生态系统的危害是多方面的，既有对土壤本身的影响，也有对作物、对土壤周围环境的影响。大致包括以下几个方面。

1. 引起土壤退化

土壤酸化的直接后果是引起土壤质量的下降，主要表现：一是影响土壤微生物活性，改变了土壤碳、氮、硫等养分的循环；二是减少对钙、镁、钾等养分离子的吸附量，降低土壤中盐基元素的含量；三是影响土壤结构性，降低了土壤团聚体的稳定性；四是土壤耕性变差、宜耕性下降。

2. 加剧土壤污染

土壤酸度的提高可促进土壤中重金属元素的活性，增加了积累在土壤中的重金属对作物和环境的危害。

3. 降低农产品质量

土壤酸化后，土壤中活性铝增加，矿质营养元素含量降低，有效态重金属浓度增加，对植物根系生长产生极大影响，增加了病虫害的发生。重者导致植物铁、锰、铝中毒死亡，轻者影响农产品品质。

4. 影响地表水质量

土壤酸化后可导致土壤中铝活性的增加，增加铝溶出损失，导致周围地表水体的酸化，影响生态系统的功能。

(二) 影响耕地土壤酸化的因素

1. 气候条件

一般来说，高温、高湿的气候有利于土壤中矿物的风化。淋溶作用是风化产生的盐基离子淋失的不可缺少的条件，因此酸性土壤主要分布在湿润地区。浙江省的酸化土壤—红壤、黄壤的酸化主要与此有关。

2. 大气酸沉降

工业化和城市化的进程加重了大气硫和氮的沉降，其对生态系统具有明显的酸化效应。我国的酸性降水主要是以硫酸盐为主要成分，主要分布在长江以南地区。大气湿沉降引入土壤的自由质子量有限，即使在酸雨严重的地区，自由质子的引入量也常不足每年 $2.0kmol/hm^2$。

3. 施肥和作物收获

自然条件下土壤酸化是一个速度非常缓慢的过程。但耕地土壤由于人为活动的强烈作用，其酸化速率明显增加，施肥引入的离子通量远大于大气沉降。由于多数化学肥料中含有等摩尔当量的盐基阳离子和酸性阴离子，几乎不含酸性阳离子，因而普通施肥对土壤酸中和容量(ANC)的影响并不大；但生理酸性肥料常常可引起土壤的明显酸化，常用的硫胺、尿素、过磷酸钙和氯化钾均属产酸肥料。施入土壤的有机物料(包括粪肥、绿肥和秸秆等)在土壤微生物作用下，可发生矿化分解，释放出的盐基阳离子量大于酸性阴离子量。不当的农田施肥措施是耕地土壤酸化加快的主要原因。据研究，我国农田施氮贡献每年 $20\sim33kmol$ $[H^+]/hm^2$，大大高于其他低氮肥国家(每年 $1.4\sim11.5kmol$ $[H^+]/hm^2$)。而酸沉降贡献一般每年在 $0.4\sim2.0kmol[H^+]/hm^2$，由氮肥驱动的酸化可达酸雨的 $10\sim100$ 倍。

连年的高产栽培从土壤中移走过多的碱基元素，如钙、镁、钾等，进一步导致土壤向酸化方向发展。

4.土壤缓冲性能

质子的产生和积累可使土壤向酸性方向发展，但其pH值的变化与土壤对酸性物质的缓冲性有关。土壤的缓冲性能是指土壤抵抗土壤溶液中H^+或OH^-浓度改变的能力，土壤缓冲作用的大小与土壤阳离子交换量（CEC）有关，其随交换量的增大而增大。影响土壤缓冲性的因素主要有：一是黏粒矿物类型：含蒙脱石和伊利石多的土壤，起缓冲性能也要大一些；二是黏粒的含量：黏粒含量增加，缓冲性增强；三是有机质含量：有机质多少与土壤缓冲性大小成正相关。

（三）减缓耕地土壤酸化的途径

对于具有潜在酸化趋势的土壤，通过合理的土壤管理可以减缓土壤的酸化进程。

1.科学施肥与水分管理

铵态氮肥的施用是加速土壤酸化的重要原因，这是因为施入土壤中的铵离子通过硝化反应释放出氢离子。但不同品种的铵态氮肥对土壤酸化的影响程度不同，对土壤酸化作用最强的是$(NH_4)_2SO_4$和$(NH_4)H_2PO_4$，其次是$(NH_4)_2HPO_4$，作用较弱的是硝酸铵。因此，对外源酸缓冲能力弱的土壤，应尽量选用对土壤酸化作用弱的铵态氮肥品种。随水淋失是加剧土壤酸化的重要原因。因此，通过合理的水分管理，控制灌溉强度，以尽量减少NO_3^-的淋失，在一定程度上可减缓土壤酸化。

2.秸秆还田和施用有机肥

在酸性土壤上多施优质有机肥或生物有机肥，可在一定程度上改良土壤的理化性质，提高土壤生产力，还能减缓土壤酸化。但需要注意的是，大量施用未发酵好的有机肥可能也会导致土壤的酸化，因为后者在分解过程中也可产生有机酸。

3.优化种植结构

豆科植物生长过程中，其根系会从土壤中吸收大量无机阳离子，导致对阴阳离子吸收的不平衡，为保持体内的电荷平衡，它会通过根系向土壤中释放质子，加速土壤酸化。因此，对酸缓冲能力弱、具有潜在酸化趋势的土壤，应尽量减少豆科植物的种植。当把收获的豆科植物秸秆还田可在一定程度上抵消酸化的作用。

（四）酸化耕地土壤的改良技术

1.酸化耕地土壤改良剂的种类

酸性土壤的改良原理是中和反应。酸性土壤改良的效果与改良剂的性质和土壤本身的性质有关。目前，改良剂的选择已经从传统的碱性矿物质如石灰、石膏、磷矿粉等转变为选择廉价、易得的碱性工业副产品和有机物料等。

（1）石灰改良剂。在酸性土壤中施用石灰或者石灰石粉是改良酸性土壤的传统和有效的方法。使用石灰可以中和土壤的活性酸和潜性酸，生成氢氧化物沉淀，消除铝毒，迅速有效的降低酸性土壤的酸度，还能增加土壤中交换性钙的含量。但有研究表明，施用石灰后土壤存在复酸化现象，即石灰的碱性消耗后土壤可再次发生酸化，而且酸化程度比施用石灰前有所加剧。

（2）矿物和工业废弃物。除了利用石灰改良酸性土壤的传统方法外，人们还发现利用某些矿物和工业废弃物也能改良土壤酸度，如白云石、磷石膏、粉煤灰、磷矿粉和碱渣等矿物和制浆废液污泥等工业废弃物。但以上改良剂也存在一些不足之处，如白云石成本较高；大多数工业废弃物含有一定量的有毒金属元素，但长期施用存在着污染环境的风险。

（3）有机物料改良剂。在农业上利用有机物料改良酸性土壤已经有千余年的历史。土壤中施用有机物质不仅能提供作物需要的养分，提高土壤的肥力水平，还能增加土壤微生物的活性，增强土壤对酸的缓冲性能。有机物料能与单体铝复合，降低土壤交换性铝的含量，减轻铝对植物的毒害作用。可作酸性土壤改良的有机物料种类很多，如各种农作物的秸秆、家畜粪肥、绿肥等。豆科类植物物料比非豆科类植物物料的改良效果更佳，如将羽扇豆的茎和叶与酸性土壤一起培养，其pH值增加的最大值可达1~2个单位，其原因是由于豆科植物因生物固氮作用会从土壤中大量吸收无机阳离子如Ca、Mg、K等。

（4）其他改良剂。近年来，人们还开发出营养型酸性土壤改良剂，即将植物所需的营养元素、改良剂及矿物载体混合，制成营养型改良剂。这种改良剂加入土壤后，在改良酸度的同时还提供植物所需的钙、镁、硫、锌、硼等养分元素，起到一举两得的效果。此外，生物质炭和草木灰对土壤酸性改良也有很好的效果。

2. 石灰适宜用量的估算

石灰需要量是指为提升该土壤pH值至某一目标pH值时所需要施用的石灰量。许多因素影响石灰施用量。

（1）待种植作物适宜的土壤pH值。不同作物适宜生长的土壤酸碱度不同。

（2）土壤质地、有机质含量和pH值。

（3）石灰施用时间和次数。石灰一般要在作物播种或种植前施用，有条件的农田应在播前3~6个月施石灰，这对强酸土壤尤为重要。石灰施用的次数取决于土壤质地、作物收获以及石灰用量等。砂质土壤最好少量多次地施；而黏质土壤宜多量少次。

（4）石灰物质的种类。

（5）耕作深度。目前，推荐施石灰主要针对15cm耕层土壤，耕深加到25cm时（红黄壤改良深度可深一些），推荐的石灰量至少要增加50%。

确定土壤石灰需要量的方法很多，大致可归纳为直接测定法和经验估算法。

直接测定法：主要是利用土壤化学分析方法测定土壤中需要中和的酸的容量（交换性量），然后利用土壤交换酸数据折算为一定面积农田的石灰施用量。也可通过室内模拟试验建立石灰用量与改良后土壤pH值的关系，再根据目标土壤pH值估算石灰需要量。

经验估算法：经验估算法是根据文献资料估算石灰需要量。一般而言，有机质含量及黏粒含量愈高的土壤，表示其阳离子交换能量愈大，因此，石灰需要量亦愈大，且提升土壤pH值至目标pH值所需的时间也愈长。

各种改良剂中和酸的能力可有较大的差异。一般来说，石灰改良剂的中和能力较强，有机物料的中和能力较弱，对于强酸性土壤的改良应以石灰改良剂为主，而对于酸度较弱的土壤可选择有机物料进行改良。石灰物质的改良效果与其中和值、细度、反应能力和含水量等有关（表5-1）。

表5-1　石灰需要量的估算参数（t/hm²，改良20cm土层厚度）

pH值	砂土及壤质砂土	砂质壤土	壤土	粉质壤土	黏土	有机土
4.5增至5.5	0.5~1	1~1.5	1.5~2.5	2.5~3	3~4	5~10
5.5增至6.5	0.75~1.25	1.25~2	2~3	3~4	4~5	5~10

石灰需要量一般多以20cm为目标，若要改良更深的土层，则必需乘上一个比例因子。假如以表土20cm为调整的深度，其石灰需要量为 A t/hm²，则调整目标为80cm时，其石灰需要量应为：$A \times 80/20 = 4A$（t/hm²）。

3.石灰施用时间间隔和施用方法

（1）石灰施用时间间隔。施用不同用量的石灰物料其改良酸性土壤的后效长短不同。石灰物料施用量低于750kg/hm² 的时间间隔为1.5年；石灰物料施用量750~1 500kg/hm² 的时间间隔为2.0年；石灰物料施用量1 500~3 000kg/hm² 的时间间隔为2.5年。

（2）石灰施用方法。由于石灰物质的溶解度不大，在土壤中的移动速度较小，所以应借助耕犁之农具将石灰与土壤均匀的混合，以发挥其最大的效果。石灰物质可在作物收获后与下栽种前的任何时间施用，但需注意的是，因土壤具有对pH值缓冲能力，石灰施用后土壤pH值并不是立即调升至所期盼的目标pH值，而是逐渐地上升，有时可能需要超过一年的时间才能达成目标。若栽种多年生作物，则石灰与土壤的混合必须在播种前完成，同时尽可能远离播种期，以让石灰有充分的时间发挥其效应。一般石灰物料在土壤剖面中之垂直移动距离极短，所以使土壤和石灰物质充分混合乃十分重要。

（五）酸化耕地土壤的综合管理

大量的试验与生产实践表明，对酸化耕地土壤的治理应采取综合措施，在应用石灰改良剂降低土壤酸度的同时，增施有机肥和生物肥，提高土壤有机质，改善土壤结构，增加土壤缓冲能力。目前，国内外研究多集中于投加单一化学品（如石灰或白云石），传统的酸性土壤改良的方法是施用石灰或石灰石粉，需要加强综合改良技术的研究。在施肥管理环节，应从秸秆还田，增施有机肥，改良土壤结构，来提高土壤缓冲能力；通过改进施肥结构，防止因营养元素平衡失调等增加土壤的酸化。其次，开展土壤障碍因子诊断和矫治技术研究，通过生物修复、化学修复、物理修复等技术，筛选环境友好型土壤改良剂，推行土壤酸化的综合防控。开发新型高效、廉价和绿色环保的酸性土壤改良剂是今后的一个重要研究方面。

（六）其他需注意的技术问题

1.石灰物质的中和值

各种石灰物质中和酸的能力明显不同。石灰物质的价值取决于其单位质量能中和的酸量（表5-2）。这一特性与石灰物质的分子组成及纯度有关。纯碳酸钙是确定其他石灰物质中和值的标准，其中和值规定为100%。

表5-2　一些常用石灰物质纯组分的中和值

石灰物质	中和值(CCE值，%)
CaO	179
Ca(OH)₂	136
白云石粉CaMg(CO₃)₂	109
CaCO₃	100
CaSiO₃	86
贝壳粉（主要成分CaCO₃）	95~100
石灰石粉（主要成分CaCO₃）	100
消石粉（主要成分Ca(OH)₂）	136
生石灰（主要成分CaO）	179
白云石粉（主要成分CaMg(CO₃)₂）	109
矽酸炉渣（主要成分CaSiO₃）	60~80
石灰炉渣（主要成分CaSiO~）	65~85

*以石灰石粉之碱度(% CaO + % MgO × 1.39)为100时，各种质材之碱度相对值。

2.物料粒径选择

一般而言，石灰物质愈细者，具有较大的表面积，因此，中和土壤酸度的速度较快，且效果愈佳。如粒径小于0.25mm(即可通过60目筛孔)，中和土壤酸度的能力最高(指数为100)；粒径介于0.25~0.85mm，中和能力为小于0.25mm的60%；而粒径0.85~1.70mm则仅为10%左右。只有当粒径比0.25mm更小的，其中和土壤酸度的能力不会因细度愈细而增进，所以石灰物质不需要磨得很细(石灰石的成本随其粉碎的细度而增加)。

3.其他配套技术

(1)增施磷肥。对施用农用石灰物料的耕地，应在原有磷肥用量的基础上，增加20%；施用农用石灰物质数量较大时，磷肥用量增加50%。

(2)增施有机肥。是调节土壤酸碱度最根本的措施，是设法提高土壤的缓冲性能。土壤缓冲性与土壤中腐殖质含量密切相关，而腐殖质主要来源于有机质，因此，在农业生产中必须强调增施有机肥。有机物料改良酸性土壤已经有千余年的历史。土壤中施用有机物质不仅能提供作物需要的养分，提高土壤的肥力水平，还能增加土壤微生物的活性，增强土壤对酸的缓冲性能。有机物料还能与单体铝复合，降低土壤交换性铝的含量，减轻铝对植物的毒害作用。用作改良土壤的有机物料种类很多，在农业中取材也比较方便，如各种农作物的茎秆、家畜的粪肥、绿肥和草木灰等等。利用有机物料改良酸性土壤的研究，目前国内的相关报道还很少，多数集中在利用种植绿肥等调节土壤酸度方面。

第五节　加强测土配方施肥技术的推广应用

一、推广现状与效果

长期以来，台州市农民盲目施肥、过量施肥等不合理施肥现象较为普遍，这不仅造成农业生产成本增加，而且带来严重的环境污染，影响农产品质量安全。近十年来，台州市测土配方施肥、有机肥推广数量和覆盖面有了新的突破，取得了显著的社会效益和经济效益。主要成效体现在：促进了农业节本增效、提高了农产品质量、优化了肥料施用结构、提高了农民科学施肥水平、增强了农技中心服务能力。这一工作对提高全市粮食单产、降低生产成本、实现粮食稳定增产和农民持续增收具有重要的现实意义；对于提高肥料利用率、减少肥料浪费、保护农业生态环境、保证农产品质量安全、实现农业可持续发展具有深远影响。通过测土配方施肥示范片到村、配方肥下地、施肥建议卡上墙，培训宣传到户，不断扩大技术覆盖面和普及率。在生产关键季节，组织技术人员深入田间地头作现场指导，为农户提供及时、准确的技术和信息，进一步提高测土配方施肥在农户心目中的认知度和科技转化率。开展土壤样品采集与施肥调查，并结合土壤测试结果，为农作物种植提供测土配方施肥作依据。为现代农业园区、粮食高产创建示范区、粮食功能区的建设提供了技术保障。

二、存在问题

测土配方施肥技术是一项公认和实践证明了的节本增效技术。因此，应大力普及应用。但目前台州市测土配方施肥工作中仍存在着一些问题，并严重影响到测土配方施肥技术的推广应用。在这些问题中，除了部分农户对测土配方施肥认识不足外，主要还存在以下技术上的问题：一是化肥用量与施用效果的关系问题有待于进一步研究，化肥用量的增加与作物产量的提高极不相称。在农业生产实际中，有些农民仍认为化肥用的多，产量就高、收入就多。而目前的实际情况是化肥投入大了，效益却很低，甚至是亏本。二是化肥与有机肥的关系问题还需进一步分析。目前，台州市农业施肥已由传统的以有机肥为主，改为以化肥为主，有机肥亩用量很低。在施肥上，绝大多数农民图省事，注重化肥的施用，忽视了有机肥的施用。直接导致耕地土壤肥力下降，土壤生态环境破坏，土壤理化性状变差，最终影响了作物产量的提高和农产品质量安全。三是大量元素与微量元素的关系问题需进一步探讨。在农业施肥上，绝大部分农民重视大量元素的施用，而忽视了微量元素的应用。既是有部分农民认识到微量元素的重要性，也施用缺乏的微量元素，但施用时不科学、不合理，应用效果不理想。四是测土配方施肥技术推广应用的阶段性与长期性的关系问题。测土配方施肥技术是一项长期的、动态的技术措施。有些农户误认为，测土配方施肥技术应用一、二年就行了，以后再不用进行测土配方施肥了。其实测土配方施肥技术不是固定的和一成不变的，它是随着作物产量的提高、土壤肥力的变化及其他生产条件的改变而不断的更新和完善的一项技术。

三、进一步加强测土配方施肥技术的推广应用

(一) 健全土肥技术推广体系

充实和稳定专业干部队伍，强化测土配方和施肥技术指导等公益性基本职能。完善测土配方施肥装备设施，改善土肥质量监测和土肥信息服务条件，提高土壤分析化验能力，保证分析化验结果的准确性，为测土配方施肥技术推广提供体系保障。提高认识，强化项目管理，摆正测土配方施肥工作的突出位置，防止出现麻痹思想和松懈情绪。

(二) 加大宣传推广测土配方施肥技术的力度

以实施测土配方施肥技术的意义、好处和各种作物的具体施肥技术为主要内容，利用各种媒体、印发技术资料和技术培训等形式广泛宣传推广。实施测土配方施肥技术的最直接的受益者和实施者是广大农民，只有广大农民真正了解和掌握了测土配方施肥技术，才能确保测土配方施肥技术的普及应用。通过广泛宣传推广，使该技术达到家喻户晓、人人皆知的局面。广泛开展田间试验，建立健全作物施肥指标体系和数据信息管理系统，构建施肥专家咨询系统。

(三) 技物结合、技术到户

技物结合是测土配方施肥的一条重要措施，技术和物资结合，可实现测土、配方、配肥、供肥、施肥一条龙服务，变测土配方施肥为让农民直接用上"配方肥"。要借鉴其他地市的成功经验，结合我市具体实际情况，以测土配方施肥技术为主导，以农业科技快易通企业为龙头，以各级推广服务网络为依托，建立基层连锁测配服务站网络，形成技物结合、市场运作、网络服务的运营模式。真正做到送技术、送肥到村、到户。

(四) 增施有机肥，注重有机无机肥相结合

有机肥具有养分齐全、肥效长久等特点，它不仅可提供给作物各种养分，而且可增加土壤有机质、改善土壤理化性状、培肥地力、改善土壤生态环境、提高化肥肥效。因此，应采取秸秆直接还田、堆沤有机肥等措施，加大有机肥施用量。同时，加大微量元素施用技术的推广应用。微量元素是作物生长发育必不可少的营养元素，如缺乏势必降低作物的产量和质量。

(五) 积极引导企业参与测土配方施肥工作

引导和鼓励肥料生产、经营企业参与测土配方施肥工作。土肥部门在认真调研的基础上选定测土配方施肥合作企业，合作企业按照土肥部门提供的配方要求进行配方肥料的定向生产，确保产品

质量，保障及时足额供应，并做好售后服务。土肥部门通过培训、发放施肥建议卡等大力宣传定点企业和配方肥料，提高企业和品牌知名度；加强配方肥料的质量监督，帮助企业提高产品质量，实现互惠互利双盈的目的。积极探索供肥机制，鼓励引导肥料生产企业、专业合作组织参与测土配方施肥项目。

（六）确保测土配方施肥工作的长效性

测土配方施肥工程是一项长期实施的技术措施，因此，必需采取有效措施建立起一个长效的机制。一是要通过宣传培训，使广大农民深刻认识到测土配方施肥不是一个阶段性技术，而是一个长期的和不断更新、完善的技术。二是通过建立长期稳定的示范基地、示范区和示范户，以示范效果、示范典型带动测土配方施肥技术持久的开展下去，为我区农业的可持续发展发挥其积极的促进作用。

四、建立施肥指标体系

建立主要作物的施肥指标体系是推进配方施肥工作的重要技术问题。目前，台州市已通过大量的试验，建立了多种作物的施肥指标体系。以下以椒江区为例，介绍水稻、冬油、柑橘、西兰花等作物的施肥指标体系，说明这方面工作的进展。

（一）早晚稻施肥指标体系

每生产100kg稻谷，从土壤中吸收氮素（N）1.8~2.2kg，磷（P_2O_5）0.6~1.3kg，钾（K_2O）1.4~3.8kg，氮磷钾的比例一般为1：0.4：（1~1.2），通常晚稻和粳稻比早稻和籼稻需氮要多。三要素中，磷、钾施用数量对产量影响的差异，远不如氮素明显。因此可通过确定氮素的适宜用量后，再按三要素合理比例，确定磷钾的适宜用量。一般氮肥推荐用量根据目标产量法来确定，磷钾肥则根据因缺补缺的原则来定。

水稻施肥一般可分为3~4次，做到施足基肥、早施分蘖肥，看苗施穗肥和粒肥，提倡施用有机肥。具体施肥方案如下。

1. 早稻

（1）在亩产400~450kg条件下。氮肥（N）用量在8~11kg/亩，磷肥（P_2O_5）2~3kg/亩，钾肥（K_2O）4~5kg/亩；在缺锌或缺硼的地区，适量施用锌肥（硫酸锌1kg/亩）或硼肥（硼砂0.5kg/亩）；适当施含硅肥料。

（2）基蘖肥氮。穗肥氮应在7：3左右，其中，基肥氮：分蘖肥氮在6：4左右；磷肥全部作为基肥；钾肥分做两次，基施60%的钾肥，穗施40%的剩余钾肥。

（3）施用有机肥或种植绿肥翻压的田块。基肥用量可适当减少；在常年秸秆还田或者肥力较高的田块可适当减少磷钾肥的用量。

（4）分蘖肥要早施。在插秧后5~7天就可以追施；穗肥氮可分为促花肥和保花肥两次使用，其比例为7：3，促花肥于倒四叶露尖时施，保花肥于倒二叶露尖时施；倒四叶时同时施剩余的40%钾肥。

2. 晚稻

施肥技术参照上述早稻，略作小的调整。调整部分为：一是因晚稻产量较高，故相应的氮磷钾用量应适当增加，在亩产550~650kg的情况下，粳稻氮肥（N）用量在14~16kg/亩，籼稻氮肥（N）用量在10~14kg/亩，磷肥（P_2O_5）3~5kg/亩，钾肥（K_2O）4~6kg/亩；二是因为晚稻生育期较长故调整基蘖肥氮和穗肥氮的比例，改为6：4，其他的技术措施不变。

（二）冬油菜施肥指标体系

（1）总的施肥原则。增施有机肥，提倡有机肥和无机肥配合使用和秸秆还田；依据土壤有效硼的含量，可基施也可叶面喷洒硼肥；适当降低氮肥基施用量，增加苔肥的比例；肥料施用与其他高产优质栽培技术相结合。

（2）施肥建议。产量水平200kg/亩以上：氮肥（N）11~13kg/亩，磷肥（P_2O_5）4~6kg/亩，钾肥（K_2O）7~9kg/亩，硼砂1.0kg/亩；产量水平100~200kg/亩：氮肥（N）8~10kg/亩，磷肥（P_2O_5）3~5kg/亩，钾肥（K_2O）5~7kg/亩，硼砂0.75kg/亩；产量水平100kg/亩以下：氮肥（N）5~7kg/亩，磷肥（P_2O_5）3~4kg/亩，钾肥（K_2O）5~7kg/亩，硼砂0.5kg/亩。

若基肥施有机肥了，可酌情减少用量，缺硫田块，追肥品种应选择硫酸铵。氮肥总量中50%作基肥施用，20%做越冬苗肥、30%做薹肥；钾肥60%作基肥施用，40%做薹肥；磷肥和硼肥作基肥施用。

（三）柑橘施肥指标体系

（1）施肥总的原则。重视有机肥或商品有机肥的施用；酸化严重的果园，应适量施用石灰；根据品种、果园土壤肥料状况，优化氮磷钾肥用量、施肥时期和分配比例，适量补充钙、镁、硼、锌等中微量元素；施肥方式改全园撒施为集中穴施或沟施；施肥与水分管理和高产优质栽培技术相结合。

（2）施肥建议。高产果园，亩施有机肥2~3t，氮肥25~35kg/亩，磷肥（P_2O_5）8~12kg/亩，钾肥（K_2O）20~30kg/亩，中等或低产果园氮磷钾相应的减少用量；缺硼、锌的果园，每亩施用硼砂0.5~0.75kg，硫酸锌1~1.5kg；pH值 < 5.5的果园，每亩沟施用石灰60~80kg，或用草木灰50~100kg/亩，或用钙镁磷肥30~40kg，既可改善土壤酸碱性，又可提高土壤中钙镁磷的含量。施肥共分三次：2—3月（萌芽肥或花前肥）：氮肥施30%~40%、磷肥30%~40%、钾肥施20%~30%土壤开沟施用。对于树势较弱的果树，在花蕾期和幼果期，可用0.3%的尿素+0.2%的磷酸二氢钾叶面喷施；缺硼果园在幼果期可用0.1%~0.2%的硼砂溶液，每隔10~15天一次，连续喷2~3次；缺锌可在幼果期喷洒0.1%~0.2%的硫酸锌溶液；6—7月（壮果肥）：氮肥施30%~40%、磷肥20%~30%、钾肥施40%~50%土壤开沟或穴施；11—12月（采果还阳肥）：氮肥施20%~30%、磷肥40%~50%、钾肥施20%~30%、全部的有机肥和中微量肥料在采果施用。

（四）西兰花施肥指标体系

（1）总的施肥原则。增施有机肥，较少化肥用量，提倡有机和无机配合使用；对酸性土壤要注意钙镁硼等中微量元素的补充；提倡施用微生物菌肥和对土壤侥幸消毒处理，以减少土壤土传病害以及连作障碍的影响；施肥与水分管理、病虫害防治和高产优质栽培技术相结合。

（2）施肥建议。每10m²苗床施腐熟有机肥100kg，硫酸钾0.5kg。对中等产量及以上水平，亩施用有机肥500kg，氮肥20~25kg/亩，磷肥（P_2O_5）8~10kg/亩，钾肥（K_2O）10~15kg/亩，对土壤有效硼含量缺乏的亩可基施硼砂1.0kg，对pH值 < 6，钙镁元素缺乏的，可亩施用钙镁磷肥20~30kg或草木灰50~100kg；氮肥总量的40%作基肥施用，钾肥40%作基肥施用，磷肥和硼肥全作基肥施用；第一次追肥在栽后15天左右追施20%的氮素（N）；第二次在现蕾初期追施20%的氮素（N）和40%的钾素（K_2O）；第三次追肥在蕾期追施20%的氮素（N）和20%的钾素（K_2O）。

（五）设施蔬菜施肥指标体系

（1）总的施肥原则。重视和合理使用有机肥，减少和调整氮磷钾化肥数量，非石灰性土壤及酸性土壤需补充钙、镁、硼等中微量元素；早春生长季节前期不宜频繁追肥，重视花后和中后期追肥；与高产栽培技术结合，提倡苗期灌根，采用"少量多次"的原则，合理灌溉施肥；对土壤退化的老棚需进行秸秆还田或施用高 C/N 比的有机肥，少施禽粪肥，增加轮作次数和进行土壤消毒闷棚处理，以达到除盐和减轻连作障碍的目的。

（2）施肥建议。增施腐熟的有机肥，补施磷肥，每 10m² 苗床施腐熟得得有机肥 60~100kg，钙镁磷肥 0.5~1kg，硫酸钾 0.5kg。产量水平较高的：氮肥 30~40kg/ 亩，磷肥（P_2O_5）15~20kg/ 亩，钾肥（K_2O）40~50kg/ 亩；产量水平一般的：氮肥 20~30kg/ 亩，磷肥（P_2O_5）10~15kg/ 亩，钾肥（K_2O）30~35kg/ 亩；70% 以上的磷肥作基肥条（穴）施，其余随复合肥追施，20%~30% 氮钾肥基施，70%~80% 在花后至果穗膨大期间分 3~10 次随水追施，每次追施氮肥不超过 5kg/ 亩。

虽然台州市在作物的施肥指标体系的研究与应用方面已取得了显著的成效，但由于农村种植制度与种植方式较为复杂，不同作物的施肥体系有待进一步拓展。今后应加大对测土配方施肥技术的推广力度，继续对种植大户提供测土配方施肥个性化服务，进一步完善测土配方施肥数据库。由单一作物配方向其他作物配方转变，主推主要代表作物的施肥指标体系，建立起与良种相配套的栽培技术体系，不断探索新的种植模式。土肥工作要与种子、栽培、植保等专业密切配合，希望通过田间试验和田间管理，围绕如何在不同栽培技术体系下的不同作物、不同品种之间来建立各自的施肥指标体系，也只有这样土肥事业才有新的局面，才有新的作为。

第六节　促进高质量的排灌溉体系建设

"水利是农业的命脉"，农田水利设施的好坏，直接影响农业生产，直接影响农民收益。台州市紧依东海，降水量大，是台风、暴雨等多种自然灾害频繁发生的地区，而且灾害发生的频度和广度还在日益加深，造成粮食损失越来越大。加强农田水利建设等基础设施的建设对增强农业抗御自然灾害能力、改善农业生产条件和生态环境、提高农业综合生产能力、稳定农产品产量和质量、降低农业经营风险和增加农民收入等方面起着极其重要的作用。

台州市的农田水利设施建设起步于 20 世纪 60 年代，经过几十年发展，农田水利设施已经具备了一定的规模。但近几年农业基础设施投入不足，设施、设备老化，特别是水利设施严重不足，农业生产还没有从根本上改变靠天收的局面。针对这一情况，在进行耕地地力建设时，首先应该完善农田基础设施的建设。政府和社会要从保障地方经济发展的战略高度来认识农田水利设施、来抓农田水利设施建设，促进地方经济发展，加快新农村建设。应加快整合资源，切实落实规划，建立农田水利工程建设工作协调机制，统一协调农田水利建设项目。对农业综合开发、农田水利工程、标准农田建设、农业"两区"等建设项目中的农田水利工程进行统一规划建设，整合相应的财政资金，提高资金的使用效率，分区域按项目做好农田水利工程建设工作。各级财政要采取扶持政策，不断增加投入，积极发挥财政投入的导向作用；加大资金投入，发挥资金使用效率。

农村水利以整治现有小型水利工程为主，以实施各灌区、灌溉片渠道配套工程、排水沟道整治工程为重点，初步形成"田成块，渠（沟）成网、林成行、路成框"的格局，积极推广农业节水技术，初步建成一批高效节水灌溉示范区，实现农业的旱涝保收。同步配套农业"两区"水利设施。以粮食生产功能区、现代农业园区为重点，落实农田水利基本建设项目，完善灌排配套渠系，确保粮食生产功能区农田旱涝保收、稳产高产，确保现代农业园区防洪排涝灌溉标准达到区内相应农业生产要求。建设的主要内容包括兴修水利，整治排灌系统；开深沟，降低地下水位。主要措施包括疏浚河道、修理机埠泵站、修理"三面光"排灌渠道、修理农用线路、平整机耕路。

基础设施的建设内容和建设要求如下。

1. 农田基础设施建设工程

一是平整田面。农田田面落差不大于5cm，区域内农田要求基本格式化。通过土地整理等农田基础设施建设，有效地改善了农田生态环境，提高了农田排涝抗旱能力。

二是田间道路。通过修复和新建达到田间道路成网，布局合理，主支配套，能适应大、中型农机下田作业。具体规格是：主机耕路宽3m以上，支机耕路宽2m以上，均两边砌石，混凝土压顶，石渣路基，砂石路面。主机耕路力求硬化路面。同时，因地制宜，设置一定数量的农机交汇点和农业机械下田坡。选择适宜树种，搞好农田林网建设，增强抗灾减灾能力和提高生态景观效果。

三是排灌渠系。通过整理、疏浚和开沟，达到排灌分设（山垅田除外）、泵站、涵闸设置合理、排灌畅通。使灌溉保证率在90%以上，地下水位控制在80cm以下，排涝标准十年一遇，排灌渠因地制宜采用混凝土现浇、预制U型渠、干（浆）砌石或低压管道（PVC塑料管），提高排灌效果。

四是四周环境。周边河道水系应定期疏浚清淤，达到旱能灌，涝能排，保证旱涝保收。同时，结合村镇道路建设，确保功能区大、中型农机具通行便利。

重点做好：一是小型农田水利设施、田间工程和灌区末级渠系的新建、修复、续建、配套、改造；二是山丘区小水窖、小水池、小塘坝、小泵站、小水渠等"五小水利"工程建设；三是发展节水灌溉，推广渠道防渗、管道输水、喷灌滴灌等技术；四是骨干农田水利建设（圩区整治、大中型灌区泵站改造、农村灌排河道整治、小型水库建设加固等）。

根据一等一级标准农田的质量标准，建设目标是达到一日暴雨一日排出或抗旱能力70天以上／一日暴雨二日排出或抗旱能力50~70天。冬季地下水位保持在80~100cm／或50~80cm／或100cm以上。对已建标准农田进行配套的新、改、扩建三面光排灌沟渠、排灌机埠和农用电线为主的建设，重点维修破损、毁坏的基础设施。田间道路配套建设要求在布局合理，顺直通畅的前提下，以满足中型以上农业机械通行为主；同时配套桥、涵和农机下田（地）设施。丘陵地区的农田要按照有利于水土保持的原则，建成等高水平梯田。

2. 粮食功能区内农田基础设施的建设目标和要求

一是平整田面。农田田面高低落差不大于5cm，平原区农田要求基本格式化。

二是田间道路。通过修复和新建达到田间道路成网，布局合理，主支配套，能适应大、中型农机下田作业。具体规格是：主机耕路宽3m以上，支机耕路宽2m以上，均两边砌石，混凝土压顶，宕渣路基，砂石路面。主机耕路力求硬化路面。同时，因地制宜，设置一定数量的农机交汇点和农业机械下田坡。选择适宜树种，搞好农田林网建设，增强抗灾减灾能力和提高生态景观效果。

三是排灌渠系。通过整理、疏浚和开沟，达到排灌分设（山垅田除外）、泵站、涵闸设置合理、排灌畅通。使灌溉保证率平原区在90%以上，山丘区75%以上，地下水位控制在60cm以下，排涝标准十年一遇，排灌渠因地制宜采用混凝土现浇、预制U型渠、干（浆）砌石或低压管道（PVC塑料管），提高排灌效果。

四是四周环境。周边河道水系应定期疏浚清淤，达到旱能灌，涝能排，保证旱涝保收。同时，结合村镇道路建设，确保功能区大、中型农机具通行便利。

对于沿海区域与山区，应做好强塘固防提高防灾减灾能力的工作；实施水库山塘除险加固、沿海海塘及水闸加固、万里清水河道等工程。坚持工程措施和非工程措施相结合，统筹兼顾，标本兼治，着力抓好防汛防台工作。强化水库山塘、海塘斗闸及小水电等水利工程设施的安全管理，推进防汛信息化和水文设施标准化建设。

同时应注意加强水利设施管理。一是加强水库管理工作。严格执行水库控制运用计划，通过各水库自检、互检方式开展防汛安全检查，进一步完善落实值班制度，制定完善巡查路线，做到非汛期每周巡查1次，汛期每天巡查1次，并将巡查结果记录在册。二是加强河道管理。不定期清理水面杂草和垃圾，维护水域景观。三是加强海塘及斗闸的管理工作。为加强标准海塘的安全管理，开展海塘沉降观测，组织人员进行安全检查。制定各管理站制度落实情况，进一步完善管理制度和财务制度，落实岗位职责。四是加强机电设施服务与管理。开展小水电安全检查，对4座小水电发出整改通知，并为基层的泵站、机埠等提供技术服务。五是加强供水设施管理。加强水质检测，规范操作，更换老化、破损严重的管道。

第六章　耕地资源的可持续管理

"民以食为天，食以地为本"。人们生存要以食物为基础，而生存所需最基本的食物——农产品，又必须从耕地中获取营养。耕地是具有肥力，能生长农作物的土地，它提供着人类生产生活所必须的原料。可以说，耕地是我们赖以生存的食物的"粮食"，是作物生长的源泉，是维持农村稳定、社会发展的基础。然而，当前各地城镇建设的占用、耕地被污染等，使适合农作物生长，可用于耕种的土地持续减少，如不采取有效措施，保护耕地数量，提高耕地质量，实现耕地总量动态平衡，将直接危及社会的稳定和可持续发展。

保护耕地数量与提高耕地质量，对于农业生产、社会稳定与可持续发展至关重要。党的十六届三中全指出，"要实行最严格的耕地保护制度，保证国家粮食安全，保护提高粮食综合生产能力，稳定一定数量的耕地"，在人多地少的台州市尤为重要。为切实保护好耕地，维持台州市的长远发展，必须十分重视耕地资源的持续利用与管理。

要有效地实现耕地的可持续利用与保护，当前应该做好以下几方面的工作：首先是对耕地质量实施动态管理，其前提是建立耕地资源管理的信息化；其次是防止耕地质量的退化，在此基础上进一步提升耕地质量，这要求政府部门增加对耕地管理的投入；再次是防控耕地土壤的污染，保障农产品质量安全。最后是耕地资源的合理利用，这一方面能因地制宜地科学利用有限的耕地资源，以发挥其最大的生产潜能，另一方面避免因利用不当引起的耕地破坏。

第一节　耕地资源的信息化管理

一、耕地资源管理信息系统建立背景

通过这次耕地地力调查与质量评价对台州全市耕地资源的状况有了基本的了解，为合理开发利用有限的土地资源提供了可靠的依据。为了加强耕地资源管理工作能力，适应新形势下土肥技术的推广，有效地利用调查成果，分类管理台州市耕地资源，指导科学施肥，充分利用耕地地力提升项目的野外调查与分析化验数据、土地利用数据，继各县(市、区)陆续建立1∶10 000县域耕地资源管理信息系统之后，台州市逐步建立和完善了1∶50 000耕地地力管理和配方施肥信息系统，为农业决策者、农业技术人员和农民提供耕地地力状况及其动态变化、土壤适宜性、施肥咨询、作物营养诊断等多方位的信息服务，推进了农业生产信息化的进程。

以地理信息系统为基础平台建立耕地资源管理信息系统，不仅可以实现这些信息资源的共享，而且可以大大提高耕地地力评价的精度和速度。台州市耕地地力管理和配方施肥信息系统实现了图层调用、编辑、数据查询、土壤评价等功能。该系统包括了耕地的区域分布、主要肥力现状、利用

现状、等级及改良要求。今后应根据耕地质量提升工程的进展情况进行及时更新与维护，以及时反映耕地质量的动态变化趋势；对被占用的、建设补划的耕地面积和质量及时进行调整，即时反映补充耕地的肥力水平等，以提升耕地的管理水平。基于"3S"等现代技术，从传统的农业专家到田头手把手的指导，转为利用现代信息技术进行社会化的服务，实现以点测土、全面指导、高效服务是完全可行的。

二、耕地资源管理信息系统设计

耕地资源管理信息系统是对区域内耕地资源开发与利用的一种客观描述，以行政区域内耕地资源为管理对象，应用GIS技术对台州市的地形、地貌、土壤类型、土地利用、农田利用、标准农田生产能力基本情况、标准农田地力提升、粮食生产功能区建设等资料进行统一管理，构建耕地资源空间化管理系统，并将数据平台与各类管理模型结合，实现了耕地资源的数字化、可视化、动态化管理，以满足耕地质量调查、评价与分析要求，为发展高效生态农业、"精准农业"提供全面、系统的信息资源。

(一) 系统总体设计

台州市耕地地力与配方施肥信息系统不仅仅是一个简单的数据管理系统，而是在数据管理基础上能够开展地力评价等专业业务功能的辅助决策型系统。它包含有空间数据、属性数据以及大量的专业知识数据。此外，还要把工作成果服务于农业生产，需要借助计算机网络更好地向社会宣传区域耕地资源和科学施肥信息。耕地资源管理信息系统的开发过程及功能如图6-1所示。

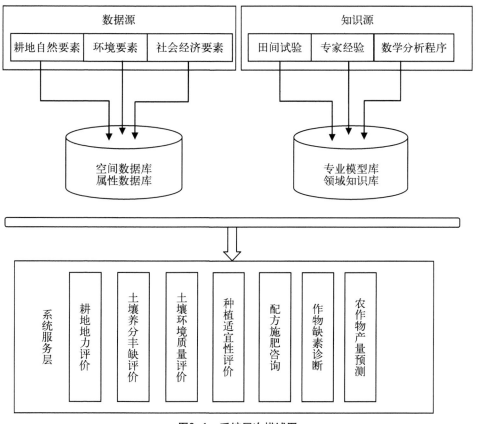

图6-1　系统层次描述图

（二）资料的收集与整理

该系统由多种信息构成，以耕地的各个性状要素为基础，同时包括了各类自然和社会经济要素方面的资料。收集的信息包括以下几个方面。

1．野外调查资料

包括地形地貌、土壤母质、水文、土层厚度、土体结构、表层质地、耕地利用现状、灌排条件、作物长势产量、管理措施水平等。

2．室内分析资料

包括有机质、全氮、速效氮、全磷、速效磷、速效钾等大量养分分析数据，以及pH值、土壤容重、阳离子交换量、盐分、有效钙、有效镁、有效硫、微量元素等的分析数据。

3．社会经济统计资料

包括以行政区划为基本单位的人口、土地面积、作物及蔬菜瓜果面积，以及各类投入产出等社会经济指标数据。

4．图件资料

主要包括台州市1∶50 000的行政区划图、地形图、土壤图、地貌分区图，以及最新的1∶10 000的土地利用现状图等。

5．其他文字资料

包括农村及农业生产基本情况资料；历年土壤肥力监测点田间记载及分析结果资料；近几年主要粮食作物、主要品种产量构成资料以及泰顺县第二次土壤普查的部分成果。

（三）空间数据库的建立

数据库的建立与管理，是整个耕地资源管理信息系统的基础。通过建立规范化的数据库（包括基础空间数据、属性数据），能够有效的组织、管理和应用调查、试验和检测的有关数据，进行耕地地力评价、指导科学施肥，为耕地保护、培肥、改良、利用规划和精准施肥等提供重要的数据支撑。本系统的数据既与空间位置密切相关，又有大量的文本属性数据，为了对这些数据进行有效的管理，必须建立一个功能完善、能够适应多种数据类型的综合数据库，采用空间数据和属性数据分别存储管理的策略进行系统数据的存储，即分别建立空间数据库、属性数据库。空间数据采用Geodatabase的结构体系，使所有的空间数据模型能在同一个模型框架下，对GIS通常所处理和表达的地理空间要素进行统一的描述。

在对收集图件进行筛选、整理、命名、编号的基础上，对图形进行预处理，按设计要求对图层要素进行整理与删选，以达到简化数字化工作的目的。地图数字化工作包括几何图形数字化与属性数字化。属性数字化采用键盘录入方法。图形数字化的方法很多，其中，常用的方法是手扶跟踪数字化和扫描屏幕数字化两种，本次采用的是扫描后屏幕数字化，其操作过程具体如下：先将经过预处理的原始地图进行大幅面的扫描仪扫描成300dpi的栅格地图，然后在ArcMap中打开栅格地图，进行空间定位，确定各种容差之后，进行屏幕上手动跟踪图形要素而完成数字化工作；数字化完了之后对数字地图进行矢量拓扑关系检查与修正；然后再对数字地图进行坐标转换与投影变换。所有矢量数据统一采用高斯－克吕格投影，3°分带，中央经线为东经120°，大地基准坐标系采用北京1954坐标系，高程基准采用1956年黄海高程系。最后，所有矢量数据都转换成ESRI的ShapeFile文件。

台州市耕地地力与配方施肥信息系统空间数据库包含的主要矢量图层见表6-1。

表6-1 耕地资源管理信息系统空间数据库主要图层一览表

序号	图层名称	图层类型
1	行政区划图	面（多边形）
2	行政注记	点
3	行政界线图	线
4	地貌类型图	面（多边形）
5	交通道路图	线
6	水系分布图	面（多边形）
7	1：1万土地利用现状图	面（多边形）
8	土壤图	面（多边形）
9	耕地地力评价单元图	面（多边形）
10	耕地地力评价成果图	面（多边形）
11	耕地地力调查点位图	点
12	测土配方施肥采样点位图	点
13	第二次土壤普查点位图	点
14	各类土壤养分图	面（多边形）

（四）属性数据库的建立

属性数据是在相应分类后采用SQL Servers数据库构建的，用来描述空间数据的特征性质。它本身并不是直接体现空间位置特性，而是对一定空间实体的描述融入到信息系统的数据之中。它是对土地利用现状要素、土壤类型要素、耕地地力调查取样点要素、耕地地力评价单元要素等的描述，一般要在空间数据输入、编辑完成之后进行。属性数据的建立和录入可独立于空间数据库和地理信息系统，在Excel、Access、FoxBase或FoxPro下建立，最终通过ArcGIS的链接工具实现数据关联。一般，GIS采用不同的数据模型分别对空间数据和属性数据进行存储管理，属性数据采用关系模型，空间数据采用网状模型。空间数据与属性数据可采用同名字段来实现两种数据模型的连接，可方便地从空间数据检索属性数据或从属性数据检索空间数据。

耕地地力与配方施肥信息系统属性数据在满足《县域耕地资源管理信息系统数据字典》要求的基础上，根据浙江省台州市实际加以适当补充，对空间属性信息数据结构进行了详细定义。表6-2、表6-3、表6-4、表6-5分别描述了土地利用现状要素、土壤类型要素、耕地地力调查取样点要素、耕地地力评价单元要素的数据结构定义。

表6-2 土地利用现状图要素属性结构表

字段中文名	字段英文名	字段类型	字段长度	小数位	说明
目标标识码	FID	Int	10		系统自动产生
乡镇代码	XZDM	Char	9		
乡镇名称	XZMC	Char	20		
权属代码	QSDM	Char	12		指行政村
权属名称	QSMC	Char	20		指行政村
权属性质	QSXZ	Char	3		
地类代码	DLDM	Char	5	0	
地类名称	DLMC	Char	20	0	
毛面积	MMJ	Float	10	1	单位：m^2
净面积	JMJ	Float	10	1	单位：m^2

表6-3　土壤类型图要素属性结构表

字段中文名	字段英文名	字段类型	字段长度	小数位	说明
目标标识码	FID	Int	10		系统自动产生
土种代码	XTZ	Char	10		
土种名称	XTZ	Char	20		
土属名称	XTS	Char	20		
亚类名称	XYL	Char	20		
土类名称	XTL	Char	20		
省土种名称	STZ	Char	20		
省土属名称	STS	Char	20		
省亚类名称	SYL	Float	20		
省土类名称	STL	Float	20		
面积	MJ	Float	10	1	
备注	BZ	Char	20		

表6-4　耕地地力调查取样点位图要素属性结构表

字段中文名	字段英文名	字段类型	字段长度	小数位	说明
目标标识码	FID	Int	10		系统自动产生
统一编号	CODE	Char	19		
采样地点	ADDR	Char	20		
东经	EL	Char	16		
北纬	NB	Char	16		
采样日期	DATE	Date			
地貌类型	DMLX	Char	20		
地形坡度	DXPD	Float	4	1	
地表砾石度	LSD	Float	4	1	
成土母质	CTMZ	Char	16		
耕层质地	GCZD	Char	12		
耕层厚度	GCHD	Int			
剖面构型	PMGX	Char	12	1	
排涝能力	PLNL	Char	20		
抗旱能力	KHNL	Char	20		
地下水位	DXSW	Int	4		
CEC	CEC	Float	8	1	
容重	BD	Float	8	2	
水溶性盐总量	QYL	Float	8	2	
pH值	PH	Float	8	1	
有机质	OM	Float	8	2	
有效磷	AP	Float	8	2	
速效钾	AK	Float	8	2	

表6-5 耕地地力评价单元图要素属性结构表

字段中文名	字段英文名	字段类型	字段长度	小数位	说明
目标标识码	FID	Int	10		系统自动产生
单元编号	CODE	Char	19		
乡镇代码	XZDM	Char	9		
乡镇名称	XZMC	Char	20		
权属代码	QSDM	Char	12		
权属名称	QSMC	Char	20		
地类代码	DLDM	Char	5	0	
地类名称	DLMC	Char	20	0	
毛面积	MMJ	Float	10	1	单位：m²
净面积	JMJ	Float	10	1	单位：m²
校正面积	JZMJ	Float	10	1	单位：m²
土种代码	XTZ	Char	10		
土种名称	XTZ	Char	20		
地貌类型	DMLX	Char	20		
地形坡度	DXPD	Float	4	1	
地表砾石度	LSD	Float	4	1	
耕层质地	GCZD	Char	12		
耕层厚度	GCHD	Int			
剖面构型	PMGX	Char	12		
排涝能力	PLNL	Char	20		
抗旱能力	KHNL	Char	20		
地下水位	DXSW	Int			
CEC	CEC	Float	8	2	
容重	BD	Float	8	2	
水溶性盐总量	SRYY	Float	8	2	
pH值	PH	Float	3	1	
有机质	OM	Float	8	2	
有效磷	AP	Float	8	2	
速效钾	AK	Float	8	2	
地力指数	DLZS	Float	6	3	
地力等级	DLDJ	Int	1		

空间数据库和属性数据库是在Excel、Access、FoxPro下分别建立的，最终通过ArcGIS的Join工具实现数据关联，入库后它们均可独立于其他数据库和地理信息系统。具体操作过程为：在数字化过程中建立每个图形单元的标识码，同时在Excel中整理好每个图形单元的属性数据，接着将此图形单元的属性数据转化成用关系数据库软件FoxPro的格式，最后利用标识码字段，将属性数据与空间数据在ArcMap中通过Join命令操作，这样就完成了空间数据库与属性数据库的联接，形成统一的数据库，也可以在ArcMap中直接进行属性定义和属性录入。本系统的非空间属性信息，主要通过Microsoft Access 2007存储，包括台州市农业基本情况统计表、社会经济发展基本情况表、历年土壤肥力监测点情况统计表、年粮食生产情况表等。

三、耕地地力与配方施肥信息系统的主要功能

台州市耕地地力管理与配方施肥信息系统总体上划分为基础信息、地力状况、配方施肥、作物诊断与管理维护5大部分，前4个部分为普通模块，主要是各类耕地资源信息的展示、查询、统计，以及作物施肥建议卡生成应用等，管理维护模块负责信息内容的更新维护，包括数据、评价指标体系、作物施肥知识建立等。基础信息部分集成了台州市基础地理要素、农田水利、农业产业等信息；地力状况模块集成台州市耕地地力调查取样点的分布、耕地地力等级分布、土壤环境质量调查点分布、第二次土壤普查取样点分布，以及耕地土壤pH值、有机质、全氮、速效钾、有效磷和碱解氮等级分布等信息；配方施肥模块以乡镇为单元建立了各乡镇采样点农田土壤的养分状况及相应农田作物的推荐施肥量的查询信息，并配有测土配方施肥建议卡；作物营养诊断模块以图文并茂的方式给出了主要作物营养元素的缺素症状。利用该系统开展了耕地地力评价、土壤养分状况评价、耕地地力评价成果统计分析及成果专题图件制作。

图6-2所示为系统登陆界面，图6-3是系统应用主界面。

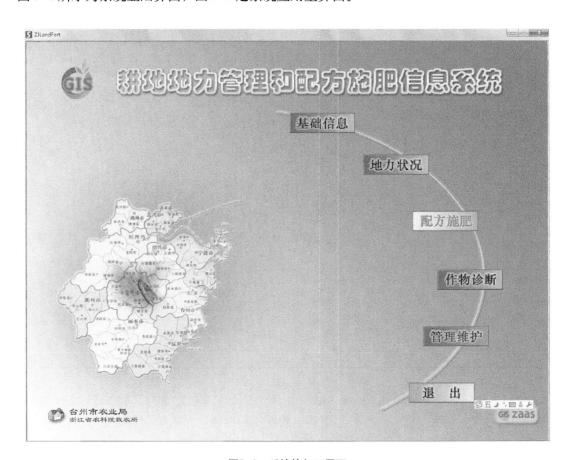

图6-2　系统的入口界面

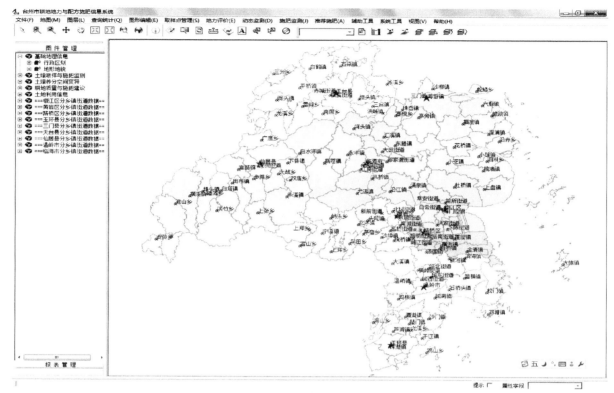

图6-3　系统应用主界面

（一）基本功能

基本功能主要包括耕地资源信息的显示、查询检索；具有GIS的基本功能，包括地图的放大、缩小、漫游、图属双向查询等。系统只需要点击鼠标就可获取各种信息。

（二）耕地地力评价

耕地地力评价功能包括：评价区划分、评价指标选择、指标权重及分级规则设置、地力指数计算与等级划分。

1.确定评价单元

本系统采用的基础图件（土地利用现状图）比例尺足够大，能够满足单元内部属性基本一致的要求。因此，在评价时直接从1∶10 000土地利用现状图上提取耕地信息，形成耕地地力评价单元图，基本评价单元图上共有27 695个单元。这样，更方便地与国土部门数据的衔接管理。

2.单元因素属性赋值

耕地地力评价单元图除了从土地利用现状单元继承的属性外，对于参与耕地地力评价的因素属性及土壤类型等通过以下几种方法进行赋值。

（1）空间叠加方式。对于地貌类型、排涝抗旱能力等成较大区域连片分布的描述型因素属性，先手工描绘出相应的底图，然后数字化建立各专题图层，如地貌分区图、抗旱能力分区图等，再把耕地地力评价单元图与其进行空间叠加分析，从而为评价单元赋值。同样，从土壤类型图上提取评价单元的土壤信息。由于存在评价与专题图上的多个矢量多边形相交的情况，本系统采用以面积占优方法进行属性值选择。

（2）以点代面方式。对于剖面构型、质地等一般描述型属性，根据调查点分布图，利用以点代面的方法给评价单元赋值。当单元内含有一个调查点时，直接根据调查点属性值赋值；当单元内不包含一个调查点时，一般以土壤类型作为限制条件，根据相同土壤类型中距离最近的调查点属性值赋值；当单元内包含多个调查点时，需要对点作一致性分析后再赋值。

(3)区域统计方式。对于耕层厚度、容重、有机质、有效磷等定量属性，按以下方式进行赋值：首先将各个要素进行Kriging空间插值计算，并转换成Grid数据格式；然后分别与评价单元图进行区域统计(Zonal Statistics)分析，获取评价单元相应要素的属性值。通过赋值，使每一评价单元图都有相应的15个评价要素的属性信息。

3.指标权重及分级规则

系统默认给出了全省的一个权重分配和指标分级打分规则表，作为参考，在开展评价工作时，根据台州市的实际情况进行了调整。

4.地力指数计算与等级划分

首先计算耕地地力综合指数，然后按照全省统一的等级划分体系进行等级划分，最后归入全国耕地地力等级体系。

5.面积平差

由于土地利用现状图成图时间与最终面积数据统计之间存在时间差，因此对耕地地力评价单元图，以乡镇为单位分水田、旱地分别进行面积平差，保证评价结果数据与统计报告数据的一致。

(三)统计分析和报表生成

耕地地力评价涉及大量的调查与测定数据，也产生多种评价结果数据，为便于数据的汇总、分类统计与比较。系统提供多种方式的统计分析工具，包括总体统计分析、分类统计分析、多要素统计分析。可进行以下操作。

1.评价结果总体统计分析

提供区域内分等级、区域间分等、区域间分级、指定田畈分等级等多种统计方式；在执行统计后，可以通过'图示表达'按钮，用柱状图、饼状图等形象反应统计结果。也可以直接打印输出，或导出到Excel表供用户使用。

2.评价结果分类统计分析

对全市或境内各县(市、区)各等级耕地按土壤属性进行分类分级面积统计分析(图6-4和图6-5)。通过选取'统计对象'，如"地貌类型"，则将按地貌类型分别进行统计各等级耕地面积。此外，还可以设置额外的统计条件，比如，需要只对pH值大于7的耕地，按地貌类型进行各等级面积统计。

3.评价结果多要素统计分析

对全市各县、市、区耕地的土壤属性(如有机质)进行分析；或结合其他要素，如按地貌类型进行耕地的土壤属性进行分析；它们既可以针对所有耕地，也可以针对不同等级耕地(图6-4、图6-5)。

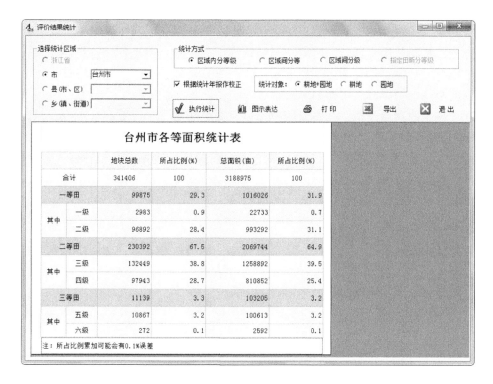

图6-4　统计各等级耕地面积

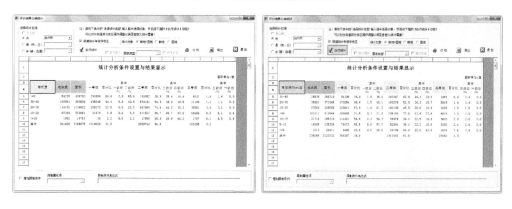

土壤有机质与耕地等级　　　　　　　　　土壤Olsen P与耕地等级

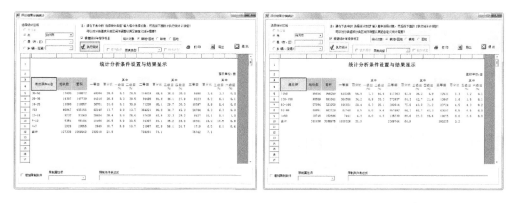

土壤Bray P与耕地等级　　　　　　　　　土壤速效钾与耕地等级

图6-5　进行多要素统计分析

（四）作物施肥咨询

作物配方施肥推荐是指根据长期的施肥田间试验结果，结合当地作物施肥总体模式、地块肥力状况等，经过模型设计，自动可为各地生成作物的配方施肥建议卡。系统在设计上划分为：施肥分区划定、作物施肥知识管理、土壤养分丰缺诊断规则、肥料参数（品种、有效成分）设置、施肥时期施肥方式设置、施肥建议卡生成。在本系统中，以村为最小单元，进行区域划分，可以通过空间查询方式（如多边形框选等实现一次多选）、条件查询（比如，选择某几个乡镇）选取对象，然后编辑确定其"施肥区名称"。按施肥分区，分不同作物，建立各分区作物施肥量推荐表，包括氮肥、磷肥、钾肥。施肥模式包括作物各次施肥的时间、施肥方式以及用肥类型、用肥比例等。系统推荐施肥包括了单质无机肥、配方肥、有机无机配肥三种用肥模式。

（五）专题图生成

在图集管理区中选择土壤有机质、全氮、有效磷、速效钾等专题图集，进行加载后，即可查看土壤有机质、全氮、速效钾和有效磷等空间变异图。系统提供图层符号化设置，以及地图图例尺、图名、图框、指北针等地图图饰对象的配置（图6-6）。

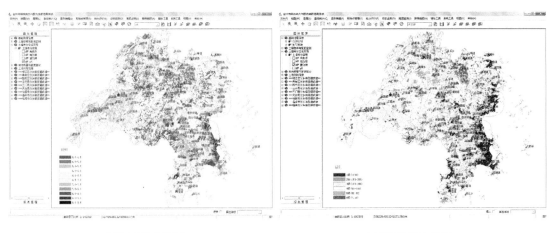

土壤pH值分级图　　　　　　　　土壤速效钾分级图

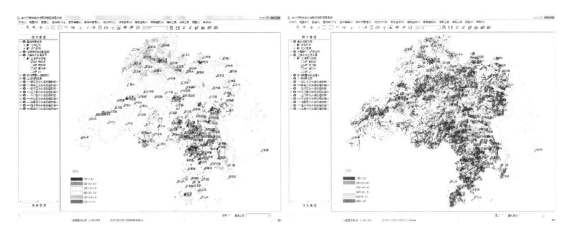

土壤有机质分级图　　　　　　　　土壤有效磷分级图

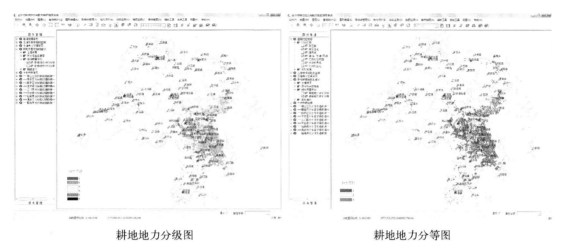

耕地地力分级图　　　　　　　　　　　　　耕地地力分等图

图6-6　生成专题图件

(六) 网络信息发布

为了更好地发挥耕地地力评价成果的作用，更便捷地向公众提供耕地资源与科学施肥信息服务，本系统基于WebGIS开发了网络版耕地地力与配方施肥信息系统，只需要普通的IE浏览器就可访问。该系统主要对外发布耕地资源分布、土壤养分状况、地力等级状况、耕地地力评价调查点与测土配方施肥调查点有关土壤元素化验信息，以及主要农业产业布局，重点是开展本地主要农作物的科学施肥咨询。

(七) 数据更新与维护

数据能否持续更新是一个应用系统是否长期有效的重要衡量标准，本系统也不例外。台州市耕地资源管理系统中为数据的更新分配不同的权限进行维护。只有超级管理员才可对空间数据进行编辑、删除等操作，而一般的管理员则具有对样点上图和一般属性信息进行编辑的权限。

主要的数据更新和维护涉及：长期定位监测样点数据的上图和属性数据的输入、修改和删除，地力调查样点的上图和属性数据的录入、修改和删除，以及空间数据的编辑、删除等内容。

台州市耕地地力管理与配方施肥信息系统综合集成了传统农业技术和全球定位系统、计算机、地理信息系统等当代先进技术手段，建立了包括基础地理要素、农业产业布局、耕地地力调查测试数据、土地利用现状等内容的数据库，构建了耕地地力评价和测土配方施肥决策和管理平台，从而完善并创新了耕地资源管理手段，为农业决策者、农民和农业技术人员提供耕地地力动态变化、土壤适宜性、施肥咨询、作物营养诊断等多方位的信息服务。

第二节　耕地土壤的污染防治

一、耕地土壤的污染风险分析

近20年来，台州市工业发展较快，促进了地方经济的发展。但与此同时也增加了土壤环境的污染风险，其中，土壤重金属污染问题较为突出，路桥区、黄岩区、温岭市和临海市等地都存在一定的耕地土壤重金属污染问题。由于土壤重金属的不可逆转性及其在食物链中的累积对人类健康产生的不利影响，控制与治理耕地土壤重金属污染十分重要。

　　台州市耕地土壤重金属的污染源主要有工业污染(主要为工业企业将大量含重金属物质的工业废气排入大气，将工业废水、废渣排入河道，从而通过大气沉降、径流以及渗入等方式污染耕地)、农业污染(含重金属的化肥、农药及塑料薄膜的不合理使用、养殖业的发展均导致了土壤中一些重金属的富集)和交通运输污染(汽车尾气和轮胎磨损产生的粉尘含有重金属成分，再经大气沉降富集到土壤)。

　　黄岩区东部分布有电镀企业、铅蓄电池、冶金、制革、涉重金属化工等行业，其生产、贮存、运输等环节中废水、废气、废渣有一定的泄漏，对周围环境带来了一定的隐患。在重污染企业或工业密集区及周边地区、城区和城郊地区出现了土壤重污染区和高风险区。土壤污染类型多样，呈现出新老污染物并存、无机有机复合污染的局面。由土壤污染引发的农产品质量安全问题和群体性事件逐年增多，成为影响群众身体健康和社会稳定的重要因素。

　　路桥区虽然不存在有色金属矿采选业等重金属重点行业，但涉重行业有一定规模，如金属表面处理及热处理加工业、铅酸蓄电池制造业、固废拆解行业、金属熔炼业等，且部分涉重行业在路桥区已有三四十年的发展历史，是路桥区财政收入的重要来源。早在20世纪70年代，零星从事固废拆解的打铁商，捞到了第一桶金后，拆解业开始在路桥区遍地开花。1996年，路桥年拆解量达20万t；2003年，路桥拆解量达到130万t；路桥峰江街道一度有定点企业34家，非定点和零散拆解户近千家，拆解量已达250多万t。拆解业的崛起，使得路桥区已然成为中国最大的电子电器废弃物拆解基地。然而，村民们赤手空拳从成堆的废旧电器里拆出一座座"金山银山"的同时，引发的环境问题随之加剧。电子垃圾，特别是电视、电脑、手机、音响等电子产品含铅、镉、水银、六元铬、聚氯乙烯塑料、溴化阻燃剂等大量有毒有害物质。有资料显示，每一台电视机或电脑显示器中的阴极射线管平均含有大量铅，而铅一旦进入土壤会严重污染水源，最终将危害人类、植物和微生物，还会对儿童的脑发育造成极大的影响。近几年，有调查研究表明路桥区地表水体中重金属超标的现象非常普遍，并有加重的趋势，且部分地区土壤中重金属浓度超过了农用地标准，这表明了由于长期的粗放型发展，路桥区的涉重行业已造成了区域重金属污染。

　　2007年5月，浙江省地质调查院对峰江街道和新桥镇全境展开土地质量调查。在历时3年的调查过程中，调查小组共获取表层土壤、有效态、有机污染物、灌溉水、大气干湿沉降、农作物、底泥等方面样品1 200余件，分析测试数据18 000余个，并得出了峰江地区第一份官方的基本农田质量调查工作报告。2010年4月下旬，省地质调查院总结出第一份《峰江地区基本农田质量调查工作报告》。在这份"土地调查"中，调查小组用这样一句话来概括调查区的环境问题："该地区土壤普遍已遭受严重的镉、铜等重金属和多氯联苯等有机污染物的复合污染，显著影响了土地质量，并带来显著的食品安全问题。"报告指出，调查区域中，重污染土地9块，面积达594hm²，主要分布在上陶、玉露洋、箅李王、李著埭、钟家、下洪洋、长泾等地。在这些重度污染区域是严禁种植可食用农产品(包括水稻、蔬菜、瓜果等)的，并严禁采集地表水饮用或灌溉。只有非食用经济作物如观赏花卉、苗木等，才可种植。

　　路桥区部分土壤的污染也被其他研究所证实。中国地质大学地球科学学院王世纪等对路桥区土壤重金属污染特征进行了分析，他们发现，路桥区Cd、Cu、Pb、Zn重金属综合污染区地理座标为东经121°28′17″~121°28′33″；北纬28°20′28″~28°28′36″，为人口密集和工矿企业集中分布区，面积约400km²，污染中心区面积约16km²。污染中心主要在峰江镇至泽国镇一带，横街镇和西头里村也有分布，Cd和Pb在路桥区南部含量也较高。重金属垂向变化特征研究表明，Cd、Cu、Pb、Zn元素的富集系数均较大(1.22~1.95)，元素含量垂向上有明显降低的趋势，污染基本只存在于表层土壤中，以耕作层为主，埋深一般在几十厘米至1m左右，深部基本无污染，这正是人为污染的基本特征。另外，调查还表明，路桥区还存在大量金属冶炼厂、水暖器材厂和几家皮革厂，三废的排放和大量燃煤的使用也导致了该区镉、铜、铅、锌等重金属的污染。路桥区重金属污染与地质背景无必然联系，与上壤地质环境有一定关系，主要由人为污染引起。

浙江师范大学旅游与资源管理学院地理过程实验室的潘虹梅等选取电子废弃物拆解业比较发达的台州市路桥区下谷岙村为研究区域，对拆解场外土壤的污染状况进行了野外调查和实验分析研究。结果表明：一是下谷岙村土壤中 Cu、Pb 的含量均有不同程度的超标；Zn、As、Cr、Mn、Ni 的含量均处于国家标准范围内，但除了 As、Cr 以外，其余元素的含量均高于浙江省土壤背景值，说明土壤中重金属的含量呈明显增加趋势。二是根据衰减模型，下谷岙村土壤中重金属元素的含量与距离呈现负相关。下谷岙村位于浙江省台州市路桥区西南面，20 世纪末起，下谷岙村、上寺前村、安溶村等地的拆解业随之兴旺，下谷岙村的拆解业经营者以作坊式个体户居多，多数经营者建设了遮雨棚，变露天拆解为室内拆解，同时拆解场内的地面已基本硬化，浇筑了水泥地面，但因资金、技术、设备等原因，仍采用简易、落后的工艺拆解（如焚烧、酸洗），拆解过程中产生的有毒、有害气体以及焚烧时的浓烟对当地的水源、土壤、空气造成了不同程度的污染，拆解后产生的废物垃圾被随意丢弃在垃圾焚烧场进行露天焚烧，垃圾焚烧场以西的大片水稻田荒芜，而离垃圾焚烧场较远（100m）外的水稻却长势良好。

据《台州市环境质量报告书》(2006—2010 年)的监测数据，路桥区 6 个监测点(峰江街道谷岙村、金清镇德升村、金清镇海南村、路桥街道肖王村、桐屿街道高桥章村和新桥镇凤阳浦村)中峰江街道谷岙村土壤中铬、汞和铅有所超标(表6-6)。

表6-6　路桥区土壤重金属污染监测数据（2008年）

重金属	观察点数	超标点数量	均值(mg/kg)	最小值(mg/kg)	最大值(mg/kg)
Cd	6	1	0.569	0.087	2.473
Hg	6	1	0.448	0.036	2.195
As	6	0	9.50	5.20	13.90
Pb	6	1	106	29	437
Cr	6	0	71	18	103

2011 年 3 月份发生的峰江街道血铅事件更是说明了路桥区重金属污染已威胁到了群众的身体健康，给当地政府和群众敲响了警钟。峰江街道血铅事件的发生，使路桥区被省环保厅列入重金属建设项目限批区域(浙环函〔2011〕170 号)，同时被列入浙江省重金属污染综合防治省级重点防控区。

本次耕地地力调查由于人力和财力的限制，没有对耕地土壤环境质量进行专门调查，但近年来涉及台州市的土壤重金属调查表明，耕地土壤受重金属污染已到了不可忽视的程度。

二、耕地土壤的污染的防控

针对这一地区的实际情况，解决耕地土壤重金属污染的问题，可从两个方面着手，一是防，二是治。防的关键在于控制污染源。应通过调整地区产业结构、加强环境执法、促进企业技术设备改造和推进清洁生产等途径控制污染排放量。治则主要是对目前易造成的土壤重金属污染进行治理。应把重点放在重金属的污染预防上。

台州市耕地土壤污染防治应以保障农产品安全和建设良好人居环境为目的，以农业用地和污染场地为重点，以全面治理土壤污染源头为抓手，以落实土壤污染防治责任为保障，以建立土壤污染监测和预警体系为支撑，切实解决关系群众切身利益的突出土壤环境问题，全力推动土壤污染防治从治理为主向"预防、控制、治理"的综合防治转变，为加快建设生态文明提供保障。坚持预防为主，防治结合；进一步优化产业布局，严格控制敏感地区及主要农产品基地周边工业企业的设立和发展，着力强化工业企业污染物治理，同步推进生活和农业面源污染防治，强化土壤污染源头控制。同时，总结和借鉴国内外土壤污染防治经验教训，积极开展污染场地的治理修复。坚持因地制宜，分类指导。在全面强化耕地土壤环境保护的基础上，逐渐开展对重点污染场地进行治理修复。同时，在污染场地的污染防治中，要综合考虑用地性质、污染程度，分别采取修复、控制和调整等治理措施。土壤重金属污染控制的方法与途径如下。

（一）实施土壤污染源头综合整治

按照《台州区重金属污染综合防治规划》的要求，进一步优化重金属排放企业的空间布局，严格产业和环保准入条件，大力推进重金属排放企业强制性清洁生产审核，加强市内金属表面处理及热处理加工行业、金属熔炼业等重点行业的技术革新，降低重金属生产原料用量，提高重金属物质回收率。抓好重点产生企业监管，重点落实台帐、申报、转移申请和联单跟踪等四项基本制度，强化危险废物经营许可管理。加快推进污水处理厂和化工、制药、印染、造纸等行业企业配套污泥处置设施的建设。加快土壤的农业面源污染防治，深化畜禽养殖业污染治理，调整优化畜牧业区域布局。继续推广测土配方施肥技术，大力推进使用有机肥，积极推广生物农药，实施"一减二控三保"工程，全面削减农药和化肥使用量，切实降低农业生产对土壤环境的污染，加强肥料、农药和饲料等农业投入品中有害成分的监测，积极引导农民使用生物农药或高效低毒低残留农药，减少农业面源污染物产生量。

（二）加强土壤污染的监测监控

围绕重金属和持久性有机污染物排放等两大土壤污染源头，建立重金属防控企业废水特征污染物日监测和月报制度，督促企业加强相应废水、废气排放自主监测。建立敏感区域土壤环境质量监测体系，在重金属污染重点防控区、垃圾危废填埋设施周边，设立长期监测点位，定期监测土壤和地下水环境质量，评估分析土壤环境风险。开展重金属长期跟踪监测，建立环境污染监测网络、农产品产地安全监测网络。重点开展基本农田（标准农田）、粮食生产功能区、现代农业示范园区和"菜篮子"基地等土壤（重金属）污染状况及其成因的调查和监测工作，在主要农产品产区、工矿企业周边、污水灌溉区等敏感区域新建农田土壤（重金属）污染长期定位监测点，建立含原有的地力监测点农田土壤污染综合监测点，建设农田土壤污染综合防控试验站。建立土壤环境监测与评价体系，完善环保、国土资源、农业等部门间信息共享机制，建设市级土壤环境状况数据库，实现污染场地状况和土壤环境质量信息互通共享。

（三）大力开展土壤污染与防治科普与宣传

大力开展科普教育，制定重金属污染防治宣传教育实施方案和科普宣传材料，采取通俗易懂的形式，积极引导广大群众了解重金属污染防治有关知识，大力宣传重金属的特点、危害、与其他污染的区别以及预防、控制、治疗和愈后防范等方面知识，让广大群众既认识到重金属的污染危害，又认识到可防可控可治，提高自我防护意识。对重金属排放企业的生产过程进行舆论监督，引导督促企业自觉落实环境保护和安全责任。加大新闻宣传力度，各主要媒体要积极支持环保、卫生等部门做好重金属污染防治宣传工作。对于重金属污染重点防控区要开展加密宣传活动。

（四）加强农产品重金属残留和污染检测，提升农产品安全保障水平

开展农田（耕地）土壤、城市周边土壤重金属污染普查，加强重金属污染集中区农产品重金属污染状况评估，建立农产品产地土壤分级管理利用制度。对未污染土壤，要采取措施进行保护；对污染程度较低、仍可作为耕地的，区政府应指导，监督农民种植非食用作物，并进行修复；对重污染土壤，应调整种植结构，开展农产品禁止生产区划分，避免造成农产品污染。加强饮用水、粮食蔬菜、肉禽蛋奶、水产品和畜禽养殖饲料等重金属监测评估，并规范生产、流通、消费市场监管。

（五）实施土地功能与类型调整

在开展土壤治理与修复控制的同时，对其他受污染、短期内又难以治理的土地进行土地功能和类型的调整，综合防控重金属污染。首先，对于污染较重、短期内难以实施有效治理的场地，应加强监管，封闭污染区域，阻断污染迁移扩散途径，防止发生污染事故；其次，对受污染相对较轻的控制区域调整土地使用功能，做好种植结构的变更，严禁种植可食用型农作物，改种非食用经济作物，如观赏花卉、苗木等。

三、污染土壤的改良与修复

在深入推进基本农田土地质量和农产品产地环境状况调查，全面掌握全市污染场地数量、分布、类型和污染程度的基础上，根据污染场地的环境风险水平，确定分类处理措施。对污染严重且难以修复的，要及时调整用地规划；对拟治理修复的，要明确责任主体、工作进度、技术路线和资金渠道；尚不具备治理修复条件的，要明确监管措施和责任单位。认真总结国内外土壤修复治理经验，引进并借鉴国内外先进的土壤修复方法，不断完善修复方案，持续改进修复方式，不断提高土壤修复的有效性，逐步解决历史遗留的土壤污染问题。

（一）污染土壤修复的现有技术

传统土壤重金属污染治理的方法有淋滤法、客土法、吸附固定法等物理方法以及生物还原法、络合浸提法等化学方法。这些传统的修复方法虽然治理效果好，历时短，但也存在许多缺陷，如成本高，难于管理，易造成二次污染，对环境扰动大，不适合目前耕地土壤重金属污染的治理。至今，在耕地土壤污染的控制和治理技术方面至今仍缺乏成本低廉、简单易行的实用技术。对于耕地土壤重金属污染主要是轻度污染，可考虑施用化学改良剂、施用有机肥料和采取生物改良措施进行试验改良。现有技术的特点及存在问题分析如下。

1. 对重金属污染土壤植物修复技术

本项技术是利用植物及根系微生物对重金属的提取、固定、阻隔，实现重金属的萃取、稳定、阻隔，将植物收获并进行妥善处理后可将重金属从土体中去除，达到修复土壤的目的。本项技术主要应用于低浓度污染土壤的修复，特别适用于重金属污染农田的修复。而植物种类的选取、收获植物的有效利用或安全处置是技术推广应用的限制因素。本项技术是目前国内外的研究热点，已得广泛研究，但实际应用案例较少，我国也只有极少的实际应用。

2. 对重金属污染固化、稳定化、异位填埋、原位封装技术

本项技术是运用物理或化学方法钝化重金属活性，阻止其在环境中迁移、扩散等过程，实现土壤中重金属的解毒或将重金属污染的土壤挖出后运至采取防渗措施的场地进行填埋，再在上面进行防渗和阻隔。本项技术目前以稳定化为主，且更多的应用于低浓度重金属污染土壤，且处理后土壤仍保留部分土壤功能。但高性价比稳定化材料、长期稳定性和修复效果后风险评估是技术实际应用的瓶颈问题。本项技术已在国外得到实际应用，但在我国实地应用极少，未来在国内很有应用前景。

3. 对污染场地／土壤制度控制技术

本项技术是一类非工程技术手段，主要是利用行政或法律控制等手段，限制污染场地土地资源的使用，以最大限度地减少人员接触污染造成风险的可能性。本项技术具有成本低、操作简单等优

点，实际应用中通常需要与主动修复措施或工程控制措施配合使用。本项技术在污染场地管理较为先进的国家已得到广泛应用，但在我国，目前尚未形成与之相配套的制度控制体系，因此尚没应用。

4. 对有机污染场地土壤焚烧技术

本项技术是使高分子量的有害物质分解成低分子的烟气，经过除尘、冷却和净化处理，使烟气达到排放标准，实现有机污染土壤修复。本项技术广泛适用于有机污染土壤的修复，其技术瓶颈是尾气中二噁英处理。本项技术工艺成熟，但在近年的修复案例中，应用比例下降。在我国已有几项大型污染场地的修复案例。

5. 对重金属污染土壤化学淋洗技术

本项技术主要是通过解吸、反络合及溶解作用，将土壤中的重金属转移至液相的淋洗液当中，再对淋洗液进行循环利用或处理，对重金属进行回收或处置。本项技术适宜于处理砂砾、沙以及黏度较小的污染土壤。本项技术可单独使用，也可作为前处理技术，联合其他方法使用。与目前其他常用的重金属修复技术相比，本项技术具有高效、处理量大、无二次风险等优点。本项技术在欧美国家已进入商业化运行阶段，而我国尚刚刚开始。

6. 对可变价态重金属污染土壤氧化/还原调控技术

本项技术主要是向重金属污染土壤中添加一种或多种氧化性或还原性物质，通过改变其在土壤中的化学形态和赋存状态，降低其可移动性和生物有效性，达到降低毒性、修复污染土壤的目的。本项技术具有简单、快速、高效、修复成本较低等优点，适宜于大面积应用，特别适用于中低浓度场地重金属污染土壤和农田土壤的修复，可保障农产品的安全生产。本项技术已在国外大量应用，但在我国仍处于实验室研究阶段，极少实地应用。

7. 对重金属污染土壤电动(分离)修复技术

本项技术是在土壤/场地中施加直流电，使两电极之间形成直流电场，通过电泳、电迁移、电渗析等电动效应，驱动重金属离子沿电场方向迁移，从而将污染物富集至阴极区，将污染物集中到某一区域，集中处理或去除。本项技术主要应用于高浓度污染场地/土壤修复，适用于透气性较好的土壤。本项技术目前多处于实验室研究，工程应用的案例较少。

（二）适合污染农田土壤的修复思路

1. 工程措施

适于污染较明显的土壤。工程措施主要包括客土、换土和深耕翻土等。深耕翻土用于轻度污染土壤，而客土和换土是重污染区的常用方法。工程措施具有彻底、稳定的优点，但工程量大、投资高，易破坏土体结构，引起土壤肥力下降，为避免二次污染，还要对污染土壤进行集中处理。因此，只适用于小面积严重污染土壤的修复。

2. 农业生态修复技术

农业生态修复主要包括两个方面：一是农艺修复措施。包括改变耕作制度，调整作物品种，种植不进入食物链的植物或低污染物吸收植物，选择能降低土壤重金属污染的化肥，或增施能固定重金属的有机肥等措施，来降低土壤重金属污染；另外在污染严重情况下施肥、使用农药、搭配种植等农艺措施，可显著增加植物对农田中重金属的吸收，从而提高植物修复效率。二是生态修复。通过调节诸如土壤水分、养分、pH值和氧化还原状况及气温、湿度等生态因子，实现对污染物所处环境介质的调控。该措施具有技术成熟、成本较低、对土壤环境扰动较小等优点，但修复周期长。

3. 化学修复技术

施用改良剂，原位固定。目前广泛使用的钝化修复剂主要包括硅钙物质、含磷材料、有机物料、黏土矿物、金属及金属氧化物、生物碳及新型材料等。

第三节　耕地资源的合理利用与种植业优化

台州市耕地分布的地貌类型有滨海平原、水网平原、河谷平原、低丘、高丘和山地等，耕地土壤类型主要有水稻土、红壤、潮土和盐土等。不同的土壤，不同的肥力，不同的立地环境条件，适合不同的作物种植。因此，应按照因地制宜、趋利避害、扬长避短的原则，合理利用耕地资源，这对提高经济效益，增加农民收入，保护生态环境有着重要意义。因此，在发展种植业和调整种植结构时，既要考虑经济发展的需要，同时也必须考虑耕地地力、地貌类型、土壤类型、自然生态条件等因素。

对于滨海盐土区，在改良上的主攻方向是加速洗盐淡化，培育肥力，在利用方式上重点考虑经济作物，种植甘蔗、水果（柑橘等），水源充足的地块，可考虑水旱轮作，加快土壤的脱盐和熟化。滨海平原的水稻土和潮土区是本市的重要农业区，可考虑粮食与经济作物共同发展，以种植水稻为主，同时发展油菜、水果和蔬菜等经济作物的生产；水网平原的水稻土区是古老而集约的农业区，宜重点发展粮食生产，可考虑水稻－小麦（油菜）轮作，发展油料作物；沿江潮土区和河谷潮土区抗旱力较低，适宜进行旱粮食和水果生产；古海岸沙岗沙田区适宜发展蔬菜和旱粮；丘陵地区适宜发展水果与经济作物的生产。

近年来，台州市通过农业结构的调整，农产品生产结构进一步优化，优势、特色农产品发展很快，尤其是瓜菜、水果发展迅猛，已成为当地经济中最活跃的成分。农业生产由突出总量的提高，逐步向商品化、专业化、规模化的现代都市型农业转变，已逐步建立起优质高效的农业生产体系，农产品生产日趋多样化、特色化。农民组织化程度不断提高，农业产业化经营有了较快发展。农业市场活跃，但在以往的种植结构调整过程中也存在一些不足：一是粮食种植面积下降速度偏快。二是种植结构调整中出现结构雷同现象，调整的方式相对单一。目前，一些县（市、区）的种植结构调整的主要方式是压缩粮食种植面积，增加经济作物特别是蔬菜、果用瓜种植面积。蔬菜和果用瓜种植面积的大量增加，也导致了蔬菜、瓜类产量季节性、结构性的超过市场需求现象，导致农民增产不增收或减收。随着周边地区蔬菜生产的发展和人民生活水平的提高，市场对精细菜的需求量增加，对大路菜的需求量相对减少，需要在质的提高方面下功夫。三是种植结构调整中以产定销的传统格局还没有得到根本转变，"卖难"的问题时时困扰着农民。

对此，在今后种植业结构调整时应注意：首先要辩证地对待粮食生产问题。在种植业结构调整中，要把粮食种植比例调整到并维持在最佳水平。在稳定粮食种植面积的前提下，以提高粮食质量为突破口，引导农民减少普通粮食种植面积，增加优质高效粮食种植面积，切实扭转种粮效益差的局面。其次改变结构调整中结构单一的局面，必须立足于大农业，并服从于大农业这个全局。销售渠道和前景好的农产品要适当增加种植面积，积极引导和扶持农民根据耕地质量有选择性地种植农作物，发挥本地优势，集中发展特色种植，逐步形成规模，打造区域品牌。尽快扭转结构调整中调整方式单一的局面。第三结构调整应从过去的以产定销向以销定产格局转变，也就是发展"合同农业"、"订单农业"，减少农业生产的盲目性，提高经营效益。

蔬菜和水果是台州市种植业中最具活力的经济作物，在当地农业与农村经济发展中具有独特的地位和优势，是全市现代都市型农业建设的重要抓手之一。目前，全市果蔬产业发展迅猛，柑橘、枇杷、杨梅、葡萄、西兰花、红茄、笋菜等主导品种已有一定的种植规模和产业基础，某些县（市、区）种植总面积和总产值均已超过粮食产业，已成为第一大种植业。但果蔬产业发展也面临资源、市场、环境等多方面的挑战：一是随着工业化、城市化的发展，大量挤占农业水资源和耕地资源，水土资源对农业发展的约束不断加剧，其结果势必造成对果蔬产业发展空间的挤占。二是果蔬产业不仅面临激烈的国内竞争，还将面临国际"大企业、大品牌"的挑战。三是部分城镇的工业污染、农村的面源污染，使农业生态环境遭到严重破坏，直接影响果蔬种植业发展，甚至影响农业和农村经济社会的全面发展。面对挑战，台州市果蔬产业应当大力实施"走出去"战略，依托技术、资金和品牌优势，积极扶持区外果蔬基地建设，提高产品市场竞争力，迎接资源、市场、环境的多重挑战。蔬菜业应积极实施"无公害食品行动计划"，生产优质无公害蔬菜、有机蔬菜。重点推广耐贮运、高附加值、适合出口的优良品种，走加工型、高效益的发展路子。水果业应适度扩大外建基地面积，优化品种结构，提高果品质量和优质果率，抓好品种结构调整和品种区域布局。对于本区特有的水果品种，要组织力量提高品质，采取各种方式提高知名度。

在进行农业产业结构调整时，应重视农业用地环境友好模式建设。一是推行生态农业模式：近年来，台州市的一些都市型生态农业园区已经形成。结合台州市实际，应大力引进和推广实用农业科技和生态农业模式，推动生态农业发展和产业结构调整，构筑高效益的转换系统生态产业。实施化肥农药减量化、发展无公害绿色有机食品、推动农业示范区建设和鼓励农业企业建设。二是休闲农业模式：充分利用天台县、仙居县、三门县、黄岩区、临海市等生态农业示范点的自然生态、农业自然环境、农村人文资源等，通过科学的规划设计，大力发挥农业与农村休闲旅游功能，增进民众对农村与农业的体验，提升旅游品质，并提高农民收益，促进农村发展。由此可以带动其他有条件的区域建设循环性休闲农业点。

第四节　加强耕地保护和基本农田建设

一、严格保护耕地

要全面落实耕地保护任务，并须切实做到。

（一）严格控制非农建设占用耕地

本着节约集约的原则严格供地政策，加强对非农建设用地布局的引导和控制。以土地规划作为总体控制，县乡级规划要明确城镇、新农村及独立选址重点项目的新增建设用地布局，明晰用地规模边界。城镇发展尽量避免占用基本农田，农村居民点占地规模按照人均占地标准严格控制。除单独选址的项目外，其余项目必须在规划确定的建设用地范围进行选址。建设项目选址必须贯彻不占或少占耕地的原则，确需占用耕地的，应尽量占用等级较低的耕地。

（二）加大耕地生态建设和灾毁防治力度

加强耕地抗灾能力建设，减少自然灾害损毁耕地数量。严格界定灾毁耕地的标准，强化耕地灾毁情况监测，对灾毁耕地及时复耕。

（三）加强对农用地结构调整的引导

各类防护林、绿化带等生态建设用地应尽量避免占用耕地，确保农业结构调整不破坏土地耕作层，提高耕地转用门槛。

二、加强基本农田保护和建设

（一）保护基本农田

1. 严格落实基本农田保护制度

切实落实省级土地利用总体规划下达的基本农田保护目标，科学规划基本农田，各县区在规定的期限内科学划定和调整基本农田，并落实到地块和农户。基本农田一经划定，任何单位和个人不得擅自占用，或者擅自改变用途，除法律规定的情形外，其他各类建设严禁占用基本农田。确需占用的，必须按照法定程序审批，并补充数量相等，质量相当的基本农田。坚决实行基本农田"占一补一"。

2. 强化基本农田保护和建设

继续大力开展基本农田综合整治工作，完善农田基础设施，积极开展农田水利建设，增加有效灌溉面积，提高耕地综合生产能力。建立基本农田集中投入机制，加大公共财政对粮食主产区和基本农田保护区建设的扶持力度，与农业综合开发、耕地质量建设、农田水利建设相结合，集中各类建设专项资金，对耕作条件较差、生态脆弱的基本农田通过对田、水、路、林、村综合整治，改善基本农田农业生产条件和农业基础设施、提高基本农田质量。

3. 加大基本农田监管

健全和完善基本农田保护监管体系，将基本农田落实到地块和农户，建立基本农田管理保护档案，县、乡、村三级层层签定保护耕地责任书，实行责任化管理。建立基本农田动态巡查制度，通过巡查和社会监督，从源头上保护基本农田数量和质量。

（二）建设标准农田

1. 严格保护标准农田

台州市标准农田主要分布在温岭市的北部和东部、椒江区北部和东部、黄岩区的西部和南部、路桥区的东部、天台县的西部、仙居县的东北部、天台县的东部以及临海市和玉环县的部分区域。为加强标准农田管理，及时监测标准农田变化状况提供信息，土地整理后经验收达到规定要求的耕地纳入标准农田进行保护。规范和完善标准农田占补制度，占用标准农田必须按有关规定和程序进行审批，占补标准农田实行"先补后占"，补建的标准农田数量和质量必须与占用的相当。

2. 进一步提升标准农田质量

确保区域内标准农田总量不减少，质量不降低。以提高标准农田粮食生产能力为核心，因地制宜提出可行、可操作的农田质量提升建设方案和分年度、分区域实施方案。有序维护标准农田的沟、路、渠等农业基础设施，提高标准农田的抗灾能力。

三、推进土地开发复垦整理建设

台州市耕地面积的增加主要来自开发、整理、复垦等几个方面。

（一）积极开展土地整理

开展耕地整理，加大基本农田整理力度，组织实施土地整理重大工程；推进农村土地综合整治工程，根据各地的具体情况采取迁村并点等模式，逐步集中形成中心村，建设社会主义新农村。

（二）大力推进土地复垦

大力推进城乡建设用地增减挂钩，通过农村居民点缩减和城镇规模合理扩大相挂钩，控制城乡建设用地总规模要积极开展零散闲置宅基地和撤销拆迁建设用地的复垦工作。

（三）适度开发耕地后备资源

在注意保护和改善生态环境的条件下，重点对宜农荒草地、裸土地和其他宜农未利用地进行适度开发，增加有效耕地面积，完善耕作条件，提高耕地的产出率。滩涂资源的开发利用要坚持做到以下四点，使滩涂资源的开发利用能够达到经济、环境、效益的完美统一，使人与自然和谐相处。

1.坚持滩涂资源开发利用与生态环境保护相协调

强化生态保护理念，加大滩涂资源动态监测力度，实现围垦的规模、速度、区域与滩涂的自然资源和承载力相适应，力求避免海洋生态退化、环境受损和防灾减灾能力弱化，努力实现围垦建设与生态保护的双赢。

2.坚持滩涂围垦与治江治水相结合

滩涂开发利用工程项目设计标准要严格按照国家、省颁发的技术规范，要与沿海沿江防潮、防台、排涝相结合，与所围土地功能定位、防御自然灾害相关要求相结合，不断提高防台御潮、防灾减灾、水系沟通、水资源保障等能力，确保区域生命财产安全。

3.坚持滩涂资源开发利用与节约集约相并重

要正确处理滩涂资源的开发利用和海洋生态资源保护的关系，进一步强化可持续利用理念，掌握滩涂资源淤涨演变规律和再生能力，提高围垦科学决策能力，避免过度开发、低效开发，实现滩涂资源集约、可持续利用。

4.健全围涂用地使用的政策机制

应深入研究法律法规，寻求用地(海)政策创新突破，深入研究淤涨型高涂围垦养殖用地管理试点政策，深入研究滩涂围垦造地的性质、物权问题，深入研究海域使用证与土地使用证之间转换的问题。继续深化体制机制改革，寻求问题解决途径，完善相关规章条例，创新管理运行机制，探索完善补偿机制。

第五节　耕地持续管理的对策与建议

一、加强组织领导

提升耕地质量是确保农业稳定发展，保障粮食生产安全，实现农业可持续发展的重要举措。各级政府应从确保国家粮食安全、人类健康和推进新型农业现代化的战略高度，深化认识，把加强耕地质量建设与保护耕地数量放在同等重要的位置，将其提到重要的议事日程，采取切实可行的措施，提高耕地质量，实现耕地保护从只注重数量向数量和质量并重转变。各级政府应组织应农业、国土、农业开发等有关涉及耕地质量单位建立联席会议制度，定期嗟商、研讨耕地质量及其管理的有关问题，及时解决耕地质量建设中出现的问题。

把耕地质量建设作为农业现代化的基础夯实，深刻认识耕地在农业现代中的基础地位；深刻认识抓耕地质量管理就是抓耕地数量；深刻认识抓耕地质量就是抓粮食安全；深刻认识耕地质量的科学内涵；深刻认识改良地力条件是提高产能的基础；深刻认识耕地质量与耕地数量的关系。

二、健全投入机制

建立以政府投入为引导、社会投入为主体的多渠道、多形式、多层次的资金筹集网络和投融资体系。进一步提高财政对农业的支出在财政支出中的比重和农业基本建设投资在财政预算内基本建设投资中的比重。建立合理的资金分级负责制度，区级财政资金应主要用于农业基础设施、农业生态环境建设、推广先进适用耕地质量提升技术和重点环节的补贴、示范基地建设等。积极开拓农业发展资金的筹集渠道，农业发展基金应围绕推进标准农田建设进行统筹安排。银行、信贷部门应对标准农田建设提供优惠。发展农村保险事业，建立信用担保体系，保障农业开发的风险。

实施"以工哺农"政策，建立多层次、多渠道、多元化的农业投资体系，积极鼓励社会资金投资农业。社会资金可参与农业产业化开发，建立农业科技园区和农业生产基地。要积极引导农村集体经济组织、农村合作经济组织、农业企业和农民增加对农业综合开发和标准农田建设的投入。农民的投入主要用于标准农田长期培肥及养护等。在筹措资金的同时，按市场体制要求，制定和完善农业发展基金、农业综合开发配套资金、改地造田资金、推广资金、复垦资金、水利建设资金等专款的管理制度和办法，规范各项资金的管理，提高有限资金的使用效益。

三、建立长期定位与动态相结合的地力监测体系

以现有耕地地力监测点为基础，完善长期定位监测点管理制度。监测内容：对监测点的土壤、植株样本分析，并对气候、施肥及养分平衡情况、生产管理、产量等进行调查。对每个监测点建立监测档案，以县（市、区）为单位建立地力监测数据库。监测成果应用：根据监测数据定时向当地政府及上级业务主管部门提供标准农田质量现状与预测预警报告，提出培肥措施、利用方式及施肥建议等。建立耕地地力长期定位观察点，准确预测全县耕地质量变化情况。采取有效措施，着手制订耕地质量保护建设中长期规划，逐步建立耕地质量保护建设及监管的长效机制。

四、不断引进新技术培育耕地质量

实践证明，通过增加科技投入进行科学管理，提高农田利用的科技水平，不仅可以有效地节约和保护资源，而且可以大幅度提高农田的利用率和产出率。在土地资源贫乏，后备资源少、开发难度大的情况下，依靠科技创新与进步，挖掘土地的增产潜力，实现由资源依附型产业向科技先导型产业转化，是实现农业可持续发展的必由之路。为此，要围绕提高农田综合生产能力，开展质量提升技术的试验研究，努力摸索农田质量提升新技术、新方式、新模式。注重开发、研究可持续发展的农业技术体系。例如农业环境质量标准和污染控制标准研究；环境保护和治理技术研究；生态农业技术；资源节约型农业技术，节水灌溉技术，设施农业技术，资源永续利用技术，土壤综合改良技术等。

加强对现有先进适用农田质量提升技术的系统、集成。继续推广应用节约型的耕作、施肥、施药、灌溉与耕地集约利用、集约生态种植、沼气综合利用等技术，促进农业尽快走上科技含量高、经济效益好、资源消耗低、环境污染少的发展道路，推进循环农业发展。在高标准粮田区域开展耕地质量定向培育，不断提高耕地基础地力。在农田基本设施配套齐全、能充分保障灌溉用水的地区重点推广秸秆快速粉碎还田腐熟技术；在没有秸秆直接还田条件的区域重点推广秸秆薄膜覆盖堆肥、生物快速腐熟堆肥技术在稻田类型区重点推广增施有机肥、绿肥翻压还田技术。

健全农业技术推广体系建设，特别是加强镇（街道）、村级农业科技推广服务网络建设。加强科技培训体系建设。逐步建立起政府指导、公益服务为主的科技技能培训体系。继续办好农广校、农函校、"绿色证书"和职业技能培训，加大对农民特别是专业大户、专业合作组织的培训力度，不断提高农民运用现代化农业提升耕地质量的技术。

重视新开、整理和复垦耕地质量建设，围绕土、肥、水、气、热五个字做文章，扎实抓好"改土"、"改水"、"改肥"等措施，指导农民采取深耕、多犁多耙、客土、增施肥料、栽种豆科作物等快速培肥技术，加速土壤熟化，提高补充耕地质量，真正实现耕地的"占补平衡"。

五、加强补充耕地质量管理的建议

近年来随着经济建设的快速发展需要，台州市耕地占补平衡补充耕地的任务愈来愈重，而后备土地资源却愈来愈少，为切实贯彻落实《土地管理法》确定的耕地管理要求，保证台州市耕地的数量

和质量可持续发展，针对台州市一些地方对补充耕地质量缺乏有效管理，对耕地重用轻养、补充耕地项目实施重工程建设轻地力培肥等问题，认为应进一步强化措施，加大补充耕地质量建设和管理的力度。

(1) 重视补充耕地质量建设与管理。采取有力措施，从根本上改变对补充耕地质量建设不重视、质量管理不到位的状况。国土资源部门和农业部门要各自履行好职责，密切配合，通力合作，切实加强耕地质量建设，认真做好补充耕地数量和质量管理工作。

(2) 组织实施好补充耕地项目。要依据土地整理复垦开发项目有关管理规定和技术标准，在项目申报前，认真搞好项目地点勘查，选择符合农业生产耕地基本要求的地块进行申报，规范项目设计，按照项目工程建设标准和农业生产设施配套要求，项目建设要达到符合农业生产条件的基本要求，有条件的地方要将建设占用耕地的耕作层剥离用于补充耕地的土壤改良。农业部门要在项目实施中对培肥地力进行技术指导，项目建设单位在项目建设过程中要充分听取农业部门对补充耕地质量建设的指导意见，消除耕地障碍因素，培肥耕地土壤，为提高农作物产量和质量创造基础条件。

(3) 规范占补平衡补充耕地的验收。在补充耕地项目验收前，国土资源部门要充分考虑开展耕地质量评定需要的时间，及时通知农业部门开展补充耕地地力评定工作。严格按照"三统一、三把关"，即"统一验收依据、操作规程、评价标准，严把勘察关、检测关、验收关"的工作要求，根据项目验收要求，组织耕地质量验收评定专家进行实地踏勘、采集土壤样品，经有资质的土壤肥料质量检测机构进行检测出具书面检验报告后，以土壤检测报告为重要依据进行验收，形成补充耕地质量评定意见。国土资源部门和农业部门对补充耕地项目进行验收时，按照补充耕地项目管理和验收的有关规定和规范，依据项目目标和任务、工程建设质量、补充耕地质量评定意见、耕地等级评价结果等，综合评价补充耕地的数量和质量，形成验收结论。对验收不合格的，要提出具体整改意见。项目承担单位整改结束后，国土资源部门和农业部门对整改内容进行重新验收。

(4) 确保补充耕地质量不断提高。继续加大资金投入，确保补充耕地农田水利设施、道路等基础设施完好，农业部门要加强补充耕地质量建设的服务与管理工作，充分应用已有农业技术成果，指导开展补充耕地质量建设工作，有针对性地提出改良土壤的具体措施，消除土壤障碍因素，改革耕作制度，防止土壤退化和污染，加快补充耕地的土壤熟化进程，不断提高补充耕地质量和农业生产综合能力。同时，做好围垦地土壤质量提升工作。

(5) 强化监督管理。国土资源部门要进一步加强对土地整理复垦开发项目实施的全程监管，并在项目验收后开展补充耕地的等级监测，掌握补充耕地的等级变化情况。农业部门要在补充耕地项目验收时形成的本底数据基础上，适时开展补充耕地质量监测，及时掌握补充耕地质量变化情况。发现问题要及时提出整改意见，并认真落实，推动台州市补充耕地质量建设与管理上新台阶，保证台州市农业的可持续发展。

六、推进土地流转的可继续发展

发挥市场在土地流转中的基础性作用，提倡采用协商、招标等方式或按"稻谷实物折价"、"物价指数调节流转价格"、"承包年限逐年递增"等办法，合理确定土地流转价格。各级政府要加大对农业的扶持力度，通过设立土地流转专项扶持资金和现代农业经营主体培育专项资金等，奖励、补贴、扶持土地流转和农业规模经营，培育以新型农民专业合作社和家庭农场为主的规模经营主体。要充分认识地方资源优势，踏实做好资源整合并量力而行，推进农业招商引资，充分利用财政支农资金对产业和基础设施的投入，促进土地流转的可持续发展。

　　加快土地承包经营权流转市场和流转服务体系建设。健全区乡两级土地流转服务中心，完善区土地承包纠纷仲裁机构。加快农村宅基地确权、登记和颁证工作，探索宅基地空间置换，建立农村宅基地流转退出机制，推动农村宅基地制度创新。探索农村土地市场化流转机制，逐步建立对依法取得的农村集体经营性建设用地，通过统一有形的土地市场、以公开规范的方式转让土地使用权制度。

参考文献

[1] Blair G J, Lefroy R D B, Lisle L. Soil carbon fractions based on their degree of oxidation, and the development of a carbon management index for agricultural systems. Australian Journal of Agricultural Research,1995,46:1 459—1 466.

[2] Cambardella M R, Elliott E T. Particulate soil organic matter changes across a grassland cultivation sequence. Soil Science Society of American Journal, 1992, 56:777—778.

[3] de Vries W, Breeuwsma A. The relation between soil acidification and element cycling. Water, Air, & Soil Pollution, 1987, 35(3—4): 293—310.

[4] Gregorich E G, Ellert B H. Light fraction and macro—organic matter in mineral soil. In: Carter M R ed. Soil Sampling and Methods of Analysis. Canadian Society of Soil Science, 1993, 397—407.

[5] Guo J H, Liu X J, Zhang Y, et al. Significant acidification in major Chinese croplands. Science, 2010, 327:1 008—1 010.

[6] Lal R. Soil carbon sequestration impacts on global climate change and food security.Science,2004,304:1 623—1 627.

[7] Murty D, Kirschbaum M U F, Mcmurtrie R E,et al. Does conversion of forest to agricultural land change soil carbon and nitrogen? A review of the literature.Global Change Biology,2002,8(2):105—123.

[8] van Breemen N, Driscoll C T, Mulder J. Acidic deposition and internal proton sources in acidification of soils and waters. Nature, 1984, 307(16): 599—604.

[9] van Breemen N, Burrough PA, Velthorst E J. Soil acidification from atmospheric ammonium sulphate in forest canopy through fall. Nature, 1982, 299(7): 548—550.

[10] Xu Z J, Liu G S, Yu J D. Soil acidification and nitrogen cycle disturbed by man—made factors. Geology-geochemistry, 2002, 30(2): 74—78.

[11] Xue N D, Liao B H, Liu P. On soil acidification status under acid deposition in two small catchments in Hunan. Journal of Hunan Agricultural University (Natural Science), 2005, 31(1): 82—86.

[12] 王建国. 模糊数学在土壤质量评价中的应用研究. 土壤学报, 2001,38(1):176—185.

[13] 王瑞燕，赵庚星，李涛，等. GIS支持下的耕地地力等级评价. 农业工程学报, 2004,20(1):307—

310.

[14] 王世纪，简中华，罗杰. 浙江省台州市路桥区土壤重金属污染特征及防治对策. 地球与环境，2006,34(1):35−43.

[15] 王旭东，张平，吕家珑，等. 不同施肥条件对土壤有机质及胡敏酸特性的影响. 中国农业科学，2000,33(2):75−81.

[16] 边武英，董越勇，周江明. 浙江省水稻土四大土属土壤养分状况及变化特征. 浙江农业学报，2009,21(4):354−357.

[17] 尹云锋，蔡祖聪，钦绳武. 长期施肥条件下潮土不同组分有机质的动态研究. 应用生态学报，2005,16(5)：875−878.

[18] 龙光强，蒋霁，孙波. 长期施用猪粪对红壤酸度的改良效应. 土壤，2012,44(5):727−734.

[19] 全国农业技术推广服务中心. 耕地质量演变趋势研究. 北京：中国农业科学技术出版社，2008,1−15.

[20] 全国土壤普查办公室. 中国土壤. 北京：中国农业出版社. 1998.

[21] 朱祖祥. 中国农业百科全书（土壤卷）. 北京：农业出版社，1996.

[22] 刘占锋，傅伯杰，刘国华，等. 土壤质量与土壤质量指标及其评价. 生态学报，2006,26(3):901−913.

[23] 刘世梁，傅伯杰，刘国华，等. 我国土壤质量及其评价研究的进展. 土壤通报，2006,37(1):137−143.

[24] 刘刚. 土壤肥力综合评价方法的试验研究. 中国农业大学学报，2000,5(4):42−45

[25] 吕新，寇金梅，李宏伟. 模糊评判方法在土壤肥力综合评价中的应用研究. 干旱地区农业研究，2004,22(3):57−59.

[26] 孙波，赵其国. 红壤退化中的土壤质量评价指标及评价方法. 地理科学进展，1999,18(2)：118−128.

[27] 台州市土壤普查办公室. 台州土壤. 1987.

[28] 李东坡，武志杰. 化学肥料的土壤生态环境效应. 应用生态学报，2008,19(5)：1 158−1 165.

[29] 李继红. 我国土壤酸化的成因与防控研究. 农业灾害研究，2012,2(6):42−45.

[30] 李九玉，王宁，徐仁扣. 工业副产品对红壤酸度改良研究. 土壤，2009,41(6):932−939.

[31] 中华人民共和国农业部. 测土配方施肥技术规范. 2011.

[32] 何同康. 土壤（土地）资源评价的主要方法及其特点比较. 土壤学进展，1983,11(6):1−12.

[33] 陈印军，王晋臣，肖碧林，等. 我国耕地质量变化态势分析. 中国农业资源与区划，2011,32 (2):1−5.

[34] 陈涛，郝晓军，杜丽君，等. 2008. 长期施肥对水稻土土壤有机碳矿化的影响. 应用生态学报，9(7):1 494−1 500.

[35] 单美，王训. 我国耕地质量研究进展. 泰山学院学报，2011,33(6):110−115.

[36] 邹原东，范继红. 有机肥施用对土壤肥力影响的研究进展. 中国农学通报，2013,29(3):12−16.

[37] 孟赐福，傅庆林，水建国，等. 浙江中部红壤施用石灰对土壤交换性钙、镁及土壤酸度的影响. 植物营养与肥料学报，1999,5(2):129−136.

[38] 沈宏，曹志洪. 不同农田生态系统土壤碳库管理指数. 生态学报，2000,20(1):663−668.

[39] 沈宏，曹志洪，徐志红. 施肥对土壤不同碳形态及碳库管理指数的影响. 土壤学报，2000,

37(2):166-173.

[40]吴乐知,蔡祖聪.基于长期试验资料对中国农田表土有机碳含量变化的估算.生态环境,2007,16(6):1 768-1 774.

[41]宋永林,袁锋明,姚造华.化肥与有机物料配施对作物产量及土壤有机质的影响.华北农学报,2002,17(4):73-76.

[42]侯光炯,谢德体.土壤肥力学概要.农业土壤学——侯光炯在宜宾应用研究年论文选集,2001:103-137.

[43]杨瑞吉,杨祁峰,牛俊义.表征土壤肥力主要指标的研究进展.甘肃农业大学学报,2004,39(1):86-91.

[44]杨奇勇,杨劲松,姚荣江,等.基于GIS和改进灰色关联模型的土壤肥力评价.农业工程学报,2010,26(4):100-105.

[45]俞海,黄季焜,Scott Rozelle,等.我国东部地区耕地土壤肥力变化趋势研究.地理研究,2003,22(3):380-388.

[46]柳敏,张璐,宇万太,等.有机物料中有机碳和有机氮的分解进程及分解残留率.应用生态学报,2007,18(11):2 503-2 506.

[47]骆东齐,白洁,谢德体.论土壤肥力评价指标和方法.土壤与环境,2002,11(2):202-205.

[48]胡月明,万洪富,吴志峰.基于GIS的土壤质量模糊变权评价.土壤学报,2001,38(5):226-238.

[49]赵哲远,华元春,章鸣,等.浙江省耕地保护数量研究.国土资源科技管理,2008,25(2):19-24.

[50]赵广帅,李发东,李运生,等.长期施肥对土壤有机质积累的影响.生态环境学报,2012,21(5):840-847.

[51]浙江省土壤普查办公室.浙江土壤.杭州:浙江科学技术出版社,1994.

[52]浙江省农业厅.浙江省耕地质量评定与地力分等定级技术规范,2008.

[53]浙江省人民政府.浙江省耕地质量管理办法.2010.

[54]浙江省土地管理局.浙江土地资源.杭州:浙江科学技术出版社,1999:107-108,123-210.

[55]浙江农业大学土壤研究室.再论本省肥沃水田土壤的若干农业性状.浙江农业科学,1976(1):10-15.

[56]徐明岗,于荣,王伯仁,等.长期施肥对我国典型土壤活性有机质及碳库管理指数的影响.植物营养与肥料学报,2006,12(4):459-465.

[57]徐仁扣,Coventry D R.某些农业措施对土壤酸化的影响.农业环境保护,2002,21(5):385-388.

[58]袁金华,徐仁扣.生物质炭对酸性土壤改良作用的研究进展.土壤,2012,44(40:541-547.

[59]高亚军,朱培立,黄东迈,等.稻麦轮作条件下长期不同土壤管理对有机质和全氮的影响.土壤与环境,2000,9(1):27-30.

[60]张福锁,崔振岭,王激清,等.中国土壤和植物养分管理现状与改进策略.植物学通报,2007,24(6):687-694.

[61]张华,张甘霖.土壤质量指标和评价方法.土壤,2001,(6):326-330.

[62]张海涛,周勇,汪善勤,等.利用GIS和RS资料及层次分析法综合评价江汉平原后湖地区

耕地自然地力. 农业工程学报，2003,19(2)：219-223.

[63] 张永春，汪吉东，沈明星，等. 长期不同施肥对太湖地区典型土壤酸化的影响. 土壤学报，2010,47(3)：465-472.

[64] 谢少华，宗良纲，褚慧，等. 不同类型生物质材料对酸化茶园土壤的改良效果. 茶叶科学，2013,33(3)：279-288.

[65] 黄昌勇，徐建明. 土壤学. 北京：中国农业出版社，2010,1-16.

[66] 黄耀，孙文娟，张稳，于永强. 中国陆地生态系统土壤有机碳变化研究进展. 中国科学：生命科学，2010,(7)：577-586.

[67] 鲁如坤. 土壤农业化学分析方法[M]. 北京：中国农业科技出版社，2000,1-150.

[68] 曾希柏. 红壤酸化及其防治. 土壤通报，2000,31(3)：111-113.

[69] 薛红霞，何江华. 广东省耕地分等中的土壤肥力评价指标体系. 生态环境，2004,13(3)：461-462.

[70] 黎孟渡，张先婉. 土壤肥力研究进展. 北京：中国科学技术出版社，1991：208-213.

[71] 潘虹梅，李凤全，叶玮，等. 电子废弃物拆解业对周边土壤环境的影响—以台州路桥下谷岙村为例. 浙江师范大学学报(自然科学版)，2007,30(1)：103-108.

[72] 潘根兴，周萍，张旭辉，等. 2006. 不同施肥对水稻土作物碳同化与土壤碳固定的影响. 生态学报，26(11)：3 705-3 710.

[73] 潘根兴，赵其国. 我国农田土壤碳库演变研究：全球变化和国家粮食安全. 地球科学进展，2005(4)：384-393.

[74] 魏孝孚. 浙江土种志. 杭州：浙江科学技术出版社. 1993.